엄마의 내려놓는 용기

현직 초등 교사가 교실에서 발견한
자기 주도적인 아이들의 조건

박진아 지음

엄마의 내려놓는 용기

서문

엄마가 내려놓는 만큼 아이는 자랍니다

새 학기가 시작될 때, 항상 하는 다짐이 있습니다. '올해도 1년 동안 우리 반 아이들을 잘 키워야지.' 잘 가르치는 것도 중요하지만 아이를 잘 품어줄 수 있는 선생님이 먼저라고 생각합니다. 비록 아이를 낳아본 적도 키워본 적도 없지만, 저는 그 어느 부모보다 많은 아이를 만났다고 자부할 수 있습니다. 13년의 교직 생활 동안 300명이 넘는 아이들을 만나며 느낀 바가 많습니다.

반에는 정말 다양한 아이들이 있습니다. 1년이 다 가도록 말 한마디 하지 않는 아이, 욕을 서슴없이 내뱉는 아이, 숙제를 한 번도 해오지 않아 매번 남아서 하는 아이, 자기 잘못은 인정하지 않고 남 탓만 하는 아이, 분노를 참지 못하는 아이…. 도움과 관심이 필요한 아이들이 많습니다. 평균 25명의 아이가 공부하는 교실에서 선생님 한 명이 모든 아이에게 정성과 관심을 쏟기는 어렵습니다. 아무리 관심과 정성을 들여도 유의미한 변화가 생기기엔 한계가 있습니다. 교사에게 주어진 1년의 시간은 너무나 짧습니다. 아이가 마음을 열고 변화를 보이기 시작할 때 이별해야 하는 경우가 대부분입니다.

출근해서부터 아이들이 하교할 때까지 선생님은 아이들의 문제를 해결해주느라 화장실에 갈 시간조차 없습니다. 필통을 잃어버렸을 때, 물을 쏟았을 때, 친구와 말다툼했을 때… 아이들은 선생님부터 찾습니다. 아이들은 생각하기를 포기합니다. 스스로 할 수 있는 사소한 것마저 선생님이 해결해주길 기다립니다. 6학년은 1학년보다 스스로 할 수 있는 능력치가 높아지지만 스스로 결정하지 못하고 묻는 아이들이 많습니다. 아이에게 "어떻게 하면 좋을까?"라고 물으면 "잘 모르겠어요"라는 대답이 돌아오는 경우가 허다합니다. 아이들은 생각보다 자기에 대해 잘 모릅니다. 자신이 어떤 감정 상태인지, 무엇을 하고 싶은지, 어떻게 해야 하는지 정말로 모르는 경우가 많습니다. 스스로 생각하고 선택한 경험이 부족하기 때문이죠.

한 반에 스무 명이 넘는 아이들을 부모와 같은 밀도로 들여다보는 것은 불가능에 가깝습니다. 고학년을 주로 맡았던 초임 시절에는 저의 능력이 부족한 탓이라 여겼습니다. 경력이 쌓이며 1학년 아이들을 여러 해 지도한 후 느꼈습니다. 선생님의 영향력은 부모보다 턱없이 미흡하다는 것을요. 1학년 아이들의 성격이나 습관 등은 대부분 가정에서 형성됩니다. 학교 이전, 최초의 관계를 맺는 가정에서 아이는 많은 것을 배우고 굳어져서 학교에 옵니다. 여러 해를 함께 가정에서 보낸 시간과 1년 동안 교실에서 보낸 시간은 감히 비교하기 어렵겠지요. 많은 부모님이 편식, 정리 습관 등 부족한 부분을 학교에서 바로잡아주길 바라지만, 이미 굳어져 버린 습관을 바꾸려면 많은 시간이 필요합니다. 많은 아이가 있는 교실에서 한 명의 아이에게만 집중하기가 환경적으로 어렵습니다. 아이를 바꾸기 위해선 부모님이 먼저 바뀌어야 합니다.

아이의 주도성이 자리 잡기 시작하는 연령은 생각보다 낮습니다. 발달심리학자이며 정신분석학자인 에릭 에릭슨Erik Erikson의 발달 단계에 따르면 자율성은 생후 18개월부터 형성되기 시작하며 주도성은 만 3세부터 생기기 시작한다고 합니다. 혹시 우리 아이가 의존적이고 무기력한 모습에 속상했던 적이 있었나요? 혼자서 할 줄 아는 것은 없고 시켜야만 겨우 하는 모습에 답답한 적이 있었나요? 그렇다면 자율성과 주도성이 발달하는 결정적 시기를 놓쳤을 수도 있습니다. 하지만 이 결정적 시기를 놓쳤다고 해서 아이의 자립심이 자랄 기회마저 놓친 것은 아닙니다. 아이에게 선택의 자율성을 부여하고, 스스로 결정하고 결과를 책임지는 경험을 하게 한다면 아이는 얼마든지 변화할 수 있습니다. 지금도 늦지 않았습니다.

많은 부모가 아이가 학교에 입학하는 순간부터 수많은 불안과 걱정을 안고 하루를 시작합니다. 친구들과는 잘 어울리는지, 집에서처럼 고집을 부리진 않는지, 수업 시간에 발표는 잘하는지…. 아이를 잘 키우고 싶은 부모의 불안은 당연합니다. 하지만 이 불안을 다스리는 건 부모의 몫입니다. 아이에게까지 이 불안을 옮겨선 안 됩니다. 아이를 먼저 믿어보세요. 아이에 대한 걱정, 대신해주고 싶은 마음, 엄마의 욕심을 내려놓는 만큼 아이는 자랍니다.

초등학교 저학년 때부터 스스로 할 기회를 많이 주세요. 처음에는 엄마의 도움이 많이 필요합니다. 아이가 커갈수록 도움을 줄 수 있는 거리에서 한 발짝 물러나 지켜봐 주세요. 아이의 문제를 부모가 다 해결해주려 하지 말고 아이가 먼저 생각하고 직접 해보도록 기다려주세요. 아이가 도움을 요청할 때 도와줘도 늦지 않습니다. 서툴러도 괜찮습니다. 완벽하지 않아도 괜찮습니다. 시행착오를 통해 아이는 더 많이 성장합니다. 교육의 목표는 아이의 자립을 돕는 것임을 잊지 마세요. 내려놓는 용기를 가진 엄마가 아이에게 행복한 미래를 선물해줄 수 있습니다. 이 책이 아이의 주도성과 자립에 대해 고민하는 많은 부모님께 도움이 되길 진심으로 바랍니다.

※ 사례로 실린 아이들의 이름은 모두 가명이며 전달하고자 하는 내용을 명확히 하기 위해 조금 덜고 더한 부분도 있음을 알려드립니다.

Contents

1장

자기 주도적인 아이로 키운다는 건,
한 발 뒤로 물러나 기다린다는 것

1

아이를 키운다는 건
자립하는 아이로 성장시킨다는 것

요즘 '캥거루족'이라 불리며 경제적·정신적으로 독립하지 못한 성인들이 많아졌습니다. 그들은 부모가 원하는 명문대에 입학하고도 앞으로 무엇을 해야 할지 몰라 고민합니다. 뒤늦게 원하는 일을 하기 위해 다니던 대학을 자퇴하고 다시 수능을 치르기도 합니다.

자신이 원하는 삶을 선택하고 누릴 기회가 과연 우리 아이들에게 있을까요? 아이는 독립적인 인격을 가진 존재입니다. 자신만의 삶을 살아갈 권리를 지닌 존재입니다. 아이가 독립적인 인격체임을 인정하고 주체적으로 삶을 이끌 수 있도록 우리 어른들, 특히 부모들이 도와주어야 합니다.

교육의 최종 목표는 자립

국민 육아 멘토로 불리는 오은영 박사는 한 예능 프로그램에서 육아의 목적에 대해 다음과 같이 말했습니다. "육아의 궁극적인 목적은 자녀의 독립이다. 엄마는 아이를 성인이 되기까지 20년을 키우면서 아이가 좋아하는 걸 하면서 살 수 있도록 아이가 독립할 힘을 길러주어야 한다. 그것이 엄마의 역할이다." 교육의 최종 목표는 자녀의 건강한 자립입니다. 엄마의 역할은 아이가 주체적으로 홀로서기를 할 수 있도록 자립할 힘을 길러주는 것입니다. 사회에 나가 스스로 삶을 꾸려나갈 수 있도록 준비시켜주어야 해요.

세상에 갓 태어난 아이는 엄마의 도움이 절대적으로 필요합니다. 아이 혼자서 할 수 있는 게 거의 없어요. 아이가 자라면서 스스로 할 수 있는 것들이 점차 늘어납니다. 그런데 엄마는 성장한 자녀를 바라보면서 갓난아기 때를 떠올립니다. 믿고 맡기기보다는 엄마가 직접 해주고 싶어 합니다. 아이가 할 수 있는 것마저 엄마가 다 해주면 아이는 세상을 경험하고 주체적으로 생각하는 기회를 박탈당하게 돼요. 결국 아이는 자기 능력과 가치를 믿지 못하고 엄마 뒤에 숨어 지시만 기다리게 되죠.

"네가 제대로 할 수 있겠니? 엄마가 해줄게." 엄마는 아이가 시도할 기회도 주지 않고 가장 효율적인 방법으로 문제를 해결해버립니다. 아이가 시행착오를 겪고 스스로 생각하고 판단할 기회를 빼앗아버리죠. 그렇게 '애지중지' 사라난 아이는 학대와 방임을 겪은 것과 비슷한 심리 상태가 됩니다. 아이는 자신의 힘으로 할 수 있는 것이 없다고 믿게 돼요. 어려움에 부딪혔을 때 스스로 해결한 경험이 없으니 본인의 능력을 확인할 수 없기 때문이죠. 엄마에게 의존하고 열등감을 지닌 채 무엇 하나 제대로 하지 못하는 성인으로 자라게 됩니다.

인생 상담 분야의 세계적인 전문가인 필 맥그로Phil McGraw는 '보호protect'와 '준비prepare'를 엄마의 가장 중요한 역할이자 책임으로 꼽았습니다. 험난하고 변칙적인 세상에서 아이가 스스로 판단하고 자신을 보호할 힘이 생길 때까지 엄마는 아이를 보호해야 합니다. 엄마의 올바른 보호와 준비를 경험한 아이는 자신의 문제를 스스로 해결하게 돼요. 혼자 힘으로 삶을 책임질 수 있는 자립적인 성인으로 자라게 됩니다.

아이와 엄마는 엄연히 다른 존재

《부모 혁명 스크림프리》의 저자 핼 E. 렁켈Hal E. Runkel은 "아이에게 가장 필요한 부모는 아이를 필요로 하지 않는 부모"라고 했습니다. 아이는 엄마의 욕망을 실현해주는 존재가 아닙니다. 엄마는 아이를 통해 자신의 욕심을 채워서는 안 됩니다. 엄마 역시 아이를 위해 자신을 희생하고 모든 것을 해주지 않아도 됩니다. 엄마와 아이는 엄연히 다른 존재이며, 아이는 자신만의 능력과 가치를 가진 독립적인 인격체입니다. 아이는 존재 자체로 존중받아야 마땅합니다.

우리나라 엄마들은 자녀를 자신의 분신처럼 여깁니다. 아이의 성공을 자신의 성공보다 기뻐하고, 아이가 실패하면 아이보다 더 낙담합니다. 혹여나 아이가 넘어지고 실패할까 전전긍긍하며 순탄한 길로만 나아가길 바랍니다. 자신이 못다 이룬 꿈을 아이를 통해 이루려고도 합니다. 자신이 바라는 자녀의 이상향을 설정해두고 거기에 아이를 끼워 맞추려고 합니다. 아이가 원치 않는 공부를 시키고 원치 않는 대학에 보내려고 합니다. 아이는 엄마의 기대를 충족시키기 위해 자신이 원하지 않음에도 그 틀에 억지로 자신을 맞추려고 합니다. 엄마의 기대가 아이에게 독이 되어 억누르게 됩니다.

아이는 태어남과 동시에 엄마와 다른 독자적인 삶을 살 권리를 가집니다. 그래서 자녀 교육의 최종 목표는 아이의 자립입니다. 아이는 자기 삶을 스스로 판단하고 선택할 수 있어야 해요. 아이에게는 자신만의 삶을 살아갈 능력이 충분히 있습니다. 누구나 본인만의 고유한 가치를 지닌 채 이 세상에 태어납니다. 엄마는 있는 그대로의 아이를 인정하고, 아이가 스스로 삶을 살아갈 수 있도록 믿고 지지해주어야 합니다.

아이의 인생에만 집착하며 희생하기보다는 인생을 즐겁게 사는 엄마가 되어주세요. 자신의 삶을 즐기는 엄마의 태도를 보며 아이는 삶을 대하는 태도를 배우게 됩니다. 자신이 좋아하고 원하는 일을 찾아 나서게 되고 삶을 진정으로 누리게 됩니다. 그럴 때 엄마와 아이가 함께 성장합니다. 엄마는 아이가 원하는 것이 무엇인지 세심하게 관찰하고, 아이 편에서 응원해주는 것만으로도 충분합니다. 아이는 무궁무진한 잠재력을 가진 존재입니다. 시간이 걸리더라도, 과정이 순탄치 않더라도 아이를 믿고 기다려주세요. 아이는 시행착오와 실패를 겪으면서 더 많은 것을 깨우치고 배웁니다. 자기 삶을 향해 나아가게 됩니다.

아이는 무엇과도 바꿀 수 없는 소중한 존재입니다. 엄마가 아이를 위해 무엇이든 다 해주고 싶은 마음은 당연합니다. 품 안에 둔 채 어떠한 어려움이나 아픔도 겪지 않고 세상을 살아가길 바라지요. 하지만 이는 아이를 진정으로 위하는 방법이 아니에요. 엄마는 아이가 진정으로 원하는 것을 찾고 자신의 길로 나아갈 수 있도록 도와주어야 합니다. 엄마가 미리 정한 미래를 강요해선 안 됩니다. 아이가 그린 미래를 살아갈 수 있도록 도와주어야 합니다. 엄마는 아이의 편이 되어 아이가 주체적으로 살아갈 수 있도록 지지해주어야 합니다. 아이가 부모에게서 벗어나 주도적으로 삶을 살아가는 것이 아이에 대한 부모의 최종 목표가 되어야 합니다.

2

헬리콥터 맘은 절대 주도적인 아이로 키우지 못한다

'헬리콥터 맘helicopter mom'이란 자녀 주변을 헬리콥터처럼 맴돌며 지나치게 간섭하고 과잉보호하는 엄마를 말합니다. 헬리콥터 맘은 자신의 계획에 따라 아이의 일정을 빼곡하게 채워 넣습니다. 아이의 미래에 도움이 된다면 우선 시키고 봅니다. 엄마 주도로 아이를 조종하고 끌고 다닙니다. 헬리콥터 맘의 이런 과도한 간섭과 보호는 아이에게 어떠한 자유나 선택도 허락하지 않아요. 처음에는 아이가 안정감을 느낄 수도 있어요. 하지만 아이가 자라남에 따라 버거움을 느끼고 두려움, 분노, 반항심까지 가지게 됩니다. 엄마의 뜻에 따라서 움직이는 아이는 위축되고 무기력해집니다. 자존감이 낮아지고 의존성이 커집니다.

엄마가 강압적이면 아이는 복수를 꿈꾼다

《엄마 반성문》의 저자에게는 전교 1, 2등을 앞다투던 아들이 있었습니다. 전국 모의고사에서 상위권을 차지하고 전 과목 내신 1등급을 유지하던 집안의 자랑거리였죠. 그런 아들이 고3이 된 4월에 자퇴를 선언합니다. 늘 상위권 성적을 유지하고 각종 대회에서 수상하며 전교 임원까지 도맡아 하던 아들이 말입니다.

엄격하고 무서운 엄마의 지휘하에서 아들에게는 무엇 하나 선택할 수 있는 자유가 없었습니다. 엄마의 과도한 간섭에 아들은 지칠 대로 지쳐버렸어요. 숨 막히는 통제로 인해 삶의 의욕마저 잃어버렸습니다. 아들의 자퇴 선언 후 한 달 뒤, 딸마저 자퇴 선언을 하고 자해하는 지경까지 이르렀습니다.

《엄마 반성문》의 저자는 전형적인 헬리콥터 맘이었습니다. 아이들을 위한다는 명분으로 아이들의 자유를 박탈하고 엄마의 자랑거리로 키우고자 했습니다. 아이의 일거수일투족을 감시하고 철저하게 관리했습니다. 엄마의 욕심을 채우려다 보니, 아이들의 의사는 무시당하기 일쑤였어요. 저자의 가훈은 'SKSK'였다고 합니다. '시키면 시키는 대로 한다.' 저자는 이러한 육아에는 유통 기한이 있다는 것을 생각하지 못했습니다. 자유와 선택의 기회를 빼앗긴 아이들은 엄마에게 복수하기로 마음먹어요. 학교 선생님인 엄마에게 가장 고통스러운 복수는 바로 학교를 그만두는 것. 그 아이들은 자신들 잘되라고 애쓴 엄마에게 왜 복수를 결심했을까요?

아이에게도 생각과 감정이 있습니다. 아이에게 의견을 묻지 않고 일방적으로 엄마의 결정을 강요하고 지나치게 간섭하면 엄마와 아이 간의 관계가 깨지기 쉽습니다. 아이는 스스로 결정하고 싶어 합니다. 이를 무시한 채 일방적으로 엄마가 지시하고 간섭한다면 어릴 때는 잘 따라오는 것처럼 보이지만 언젠가는 한꺼번에 폭발하게 됩니다. 그때는 아이와 엄마의 관계를 되돌릴 수 없을 만큼 악화된 상태입니다. 아이의 생각과 의견이 존중받지 못했기 때문입니다. 엄마가 아이의 삶을 이끄는 데는 한계가 있습니다. 보통 아이들이 원하는 방향은 엄마와 크게 다르지 않아요. 엄마와 가고자 하는 방향이 같더라도 아이들은 스스로 선택하길 원합니다.

헬리콥터 맘은 아이를 자신의 소유물처럼 생각하고 독립된 인격체로 인정하지 않아요. 아이를 한없이 약하고 여린 존재로만 여깁니다. 위험하고 힘든 일은 시도조차 하지 못하게 과잉보호합니다. 헬리콥터 맘은 희생을 감수하더라도 아이에게 좋은 것만 주려고 해요. 아이를 잘 키우려는 마음이 앞선 나머지 놀이마저 엄마가 정해줍니다. 그래서 헬리콥터 맘과 같은 과잉형 부모 밑에서 자란 아이들은 사소한 것조차 선택할 기회가 없어요. 스스로 선택하고 결정한 경험이 없으므로 자발성이 부족해 의존적인 성격이 되기 쉽습니다.

엄마의 간섭이 아이를 무기력하게 만든다

교실에서는 "엄마한테 전화해서 물어봐도 돼요?"라고 질문하는 아이들을 자주 볼 수 있습니다. 교실에서 아이들이 결정해야 하는 문제는 간단해요. 학급 행사에 가져올 물건을 정하거나 교내 대회에 참가할 것인지 등이에요. 충분히 혼자서 결정할 수 있습니다. 하지만 아이들은 자신이 무언가를 하고자 할 때 엄마의 결정을 더 우선시하는 경향이 있어요.

어떤 아이는 쉬는 시간에 무엇을 할지 몰라 친구들만 지켜보다 시간을 다 보내기도 합니다. 결정권을 가지고 선택한 경험이 적기 때문에 사소한 문제라도 쉽게 결정을 내리지 못합니다. 이런 아이들은 자신의 선택에 확신을 갖지 못하고 타인에게 결정을 미루려고 합니다. 자신을 믿지 못하기 때문에 자기표현이 부족하고 자존감이 낮습니다.

엄마가 지나치게 보호하고 간섭하면 아이는 위축되고 무기력해집니다. 사소한 일에도 엄마가 지나치게 걱정하고 앞서 판단하여 아이를 미리 보호해버리기 때문입니다. 세상을 향한 탐험심을 펼쳐보기도 전에 두려움이 앞서니 건강한 사회관계를 맺는 데 시간이 오래 걸립니다. 자신의 욕구와 감정은 무시당한 채 억눌려 있어 타인의 눈치를 살피게 되고 우울감에 빠지기 쉽습니다. 아이는 간섭받은 만큼 주도권을 잃은 채 자기 삶에서 밀려나게 됩니다.

미국의 심리학자 다이애나 바움린드Diana Baumrind는 부모의 양육 태도가 아이의 삶에 미치는 영향력을 연구했습니다. 그가 밝힌 가장 바람직한 부모의 양육 태도는 '권위형 양육 방식'입니다('권위주의'가 아니라 '권위'입니다). 권위형 양육 방식을 가진 엄마는 상황에 따라 아이를 통제하되 아이의 의견을 충분히 경청합니다. 권위형 양육 태도를 지닌 엄마는 아이와 자유롭게 소통하고 자유를 허용합니다. 물론 엄마가 가진 양육 철학에 따라 때로는 엄하게 통제하기도 해요. 하지만 지시를 내려야 할 경우라도 아이의 의견을 수용하고 아이가 수긍할 수 있도록 자세히 설명해줍니다. 권위형 부모 아래에서 자란 아이들은 자율성과 독립심이 높고 의욕적입니다. 학습에 대한 성취도와 자기만족도 역시 매우 높습니다.

아이들은 개인 성향과 각 연령대 발달 특성에 따라 행복감을 느끼는 활동을 추구합니다. 그런데 헬리콥터 맘은 더 나은 미래를 위해서라고 말하며 지금 아이들이 누려야 할 행복을 빼앗아요. 행복은 참고 미뤄둔다고 한꺼번에 오는 것이 아닙니다. 매일, 매 순간의 사소한 즐거움이 쌓여 행복이 됩니다. 아이가 행복한 유년 시절을 보내게 하기 위해서는 아이의 마음을 먼저 헤아리고 살펴야 해요. 엄마의 강압적인 지시와 간섭은 아이의 마음을 병들게 할 뿐입니다. 헬리콥터 맘은 과잉보호와 개입을 멈추고 아이가 주체성을 가지고 삶을 살 수 있도록 자신의 욕심을 내려놓아야 합니다.

3

답은 뻔하지만 늘 회피하는 질문, "아이 인생의 주인공은 누구인가?"

에이브러햄 매슬로Abraham Maslow는 인간의 심리적 욕구를 5단계로 나누어 제시했는데 '자아실현'을 최상위 욕구로 보았어요. 자아실현은 인간의 가장 높은 심리적 욕구로 우리는 이를 통해 삶의 의미를 찾습니다. '나는 누구이며 무엇을 할 것인가'를 끊임없이 생각하고 이뤄나가는 과정이 인생입니다.

아이의 자아실현에 엄마의 결핍감이나 욕심이 반영되어서는 안 됩니다. 엄마는 아이의 인생과 엄마의 인생을 별개로 생각해야 해요. 아이 인생의 시나리오는 아이가 직접 써야 하며 주인공 또한 아이여야 합니다. 엄마는 아이가 어떤 길을 선택하든 자신의 길을 갈 수 있도록 응원해주어야 해요.

아이는 아이만의 꿈을 꾸어야 한다

5학년 때 만난 유건이의 꿈은 세계 여행을 하며 사진을 찍는 여행 사진작가였어요. 유건이의 엄마는 어릴 때 가정 형편이 어려워 대학을 진학하지 못했어요. 그래서 공부에 대한 미련이 많은 편이라 자녀 공부에 관심이 많았습니다. 유건이가 엄마의 학습 지도를 곧잘 따라오자 엄마는 아이의 목표를 의대 입학으로 잡았습니다. 초등학교 1학년 때부터 영어와 종합 학원, 과외를 시작했고 초등학교 5학년에 중학교 선행 학습을 했어요. 유건이는 엄마의 기대를 저버리기 어려워 의대를 목표로 공부했지만, 진학에 실패합니다. 세 번의 입시 끝에 의대를 포기하고 하향 지원하여 적성에 맞지도 않는 이공계 대학에 진학했어요. 그렇게 들어간 대학도 1년 다니다 휴학했습니다.

유건이처럼 엄마의 기대를 저버리기 힘든 착한 아이일수록 자신의 욕구와 의지가 외면당하기 쉽습니다. 무엇을 하고 싶은지 의견을 말하기도 전에 엄마가 미리 답을 정해놓기 때문입니다. 엄마가 찾은 답을 따를 수밖에 없습니다. 착한 아이일수록 엄마의 기대에 맞추려 하고 눈치를 보며 순종적입니다.

엄마의 사랑이 절대적으로 필요한 아이들은 자신의 욕구를 숨기고 엄마에게 사랑받고자 합니다. 이렇게 청소년기를 보낸 아이들은 어른이 되어서도 타인의 눈치를 봅니다. 타인의 말에 민감하게 반응하고 타인의 욕구에 자신을 맞추려고 해요. 자신의 욕구와 감정을 내세우기보다는 타인에게 맞추는 것을 더 편하게 받아들이죠. 말 잘 듣는 착한 아이는 혼자서는 무엇 하나 쉽게 하지 못하는 어른으로 성장할 수도 있습니다.

우리나라 엄마들은 아이의 재능이나 흥미를 고려하기보다는 성공이 보장된 직업을 갖길 원합니다. 아이가 하고 싶다는 축구, 노래, 유튜버 등은 커서 취미로 해도 충분하다고 말해요. 남들이 인정해주고 돈 잘 버는 직업이 최고라고 이야기합니다. 그러나 엄마라면 아이의 모든 가능성을 활짝 열어두어야 해요. 아이에게 꿈을 가지라고 다그칠 것이 아니라, 아이가 무엇을 좋아하는지, 무엇을 하면 즐겁고 행복한지를 살펴야 해요. 충분히 기다려주고 아이가 원하는 것을 선택했을 때 그것을 이룰 수 있도록 격려하고 힘껏 도와주어야 해요. 아이는 자신이 원하는 것을 엄마가 해줄 때 사랑받고 있음을 느낍니다.

엄마는 아이가 원하는 것이 무엇인지 탐색하고 경험하도록 하는 안내자가 되어야 해요. 열린 마음으로 아이의 꿈을 함께 찾아주는 조력자의 역할로 충분합니다. 아이가 흥미를 갖거나 재능을 드러내는 것을 발견할 때까지는 모든 가능성을 열어주세요. 엄마의 못 이룬 꿈을 강요하기보다 아이만의 꿈을 꾸도록 도와주어야 해요. 꼭 직업이 아니어도 괜찮습니다. 세계 여행, 전시회 열기 등 마음껏 꿈꾸도록 허락해주세요. 청소년기는 다양한 경험을 하고 시행착오를 겪으며 자신의 재능과 흥미를 찾아가는 단계입니다. 엄마는 아이의 잠재력을 재단하고 속단하지 말아야 합니다.

자신을 잘 아는 아이가 자신을 사랑할 줄 안다

심리학자 레베카 슐레겔Rebecca Schulegel은 연구를 통해 '진정한 자기 자신true self'을 아는 것이 매우 중요하다고 했습니다. '진정한 자기 자신'은 자신의 감정과 생각에 대해 잘 알고 자신의 마음을 스스로 들여다볼 수 있는 사람입니다. 중요한 점은 진정한 자기 자신이 누구인지 생각하는 것만으로도 불안과 스트레스를 낮추고 자존감을 높인다는 거예요. 내가 누구인지 알기 위해서는 내면의 소리에 귀 기울여야 합니다. 그래야 내가 무엇을 원하는지, 무엇을 좋아하는지 알 수 있습니다. 나와 건강한 관계도 맺을 수 있어요. 엄마는 아이가 자신에 대해 고민할 수 있도록 돕고 자기 자신을 사랑하는 마음을 가질 수 있도록 해주어야 합니다.

새 학기가 되면 학교에서 가정으로 학생 기초 조사표를 보냅니다. 아이의 가족관계, 흥미, 장래 희망 등을 미리 파악하기 위해서입니다. 어떤 어머니는 칸이 부족할 정도로 빼곡하게 아이가 좋아하는 것과 잘하는 것에 대해 적어 보냅니다. 평소에 아이를 세심히 관찰하고 아이와 다양한 활동을 하며 파악한 것이지요. 또한 어머니의 바람과는 다를지라도 아이의 장래 희망을 '아이가 바라는 직업'이라고 적어 보냅니다. 이렇게 아이를 믿고 진정으로 응원하는 엄마 밑에서 자란 아이는 의욕과 생기가 넘칩니다. 자신을 믿어주는 엄마가 있기에 어떤 일에든 자신감 있게 도전합니다. 적극적으로 수업에 참여하고 학업 성취도 높습니다.

개인심리학자 알프레드 아들러Alfred Adler는 인간은 자기 존재의 중요성을 인식하지 못하면 잘못된 방식으로라도 자신의 중요성을 확인받고자 한다는 것을 발견했습니다. 자신의 중요성을 확인받지 못한 사람은 게임에 쉽게 중독되고 폭력적인 성향을 지니기 쉽습니다. 인간은 자신의 중요성과 삶의 목적을 인식하지 못하면 자살 충동을 느끼는 유일한 존재라고 합니다. 그만큼 인생에서 진정한 자신을 알아가고 자기 존재를 인정받는 것은 중요해요. 무엇보다 스스로 자신을 있는 그대로 받아들이는 것이 가장 중요합니다.

엄마는 아이가 타인의 강요나 기대가 아닌 스스로의 기준으로 살 수 있도록 도와주어야 합니다. 아이는 진정한 자아를 만나 인생의 주인공이 되어야 합니다. 엄마는 아이의 인생에서 한 발짝 떨어지되 언제든 도와줄 수 있는 거리를 유지해야 해요. 아이가 삶의 중심에 설 수 있도록 엄마는 아이와 끊임없이 소통하고 믿고 지켜봐 주어야 합니다. 엄마는 아이에게 이 세상에 태어난 의미를 부여해줄 수 있는 중요한 존재입니다. 아이가 자기다움을 알고 온전한 자신을 만나 진정한 행복을 찾을 수 있도록 아이에게 꼭 이렇게 말해주세요.

"엄마는 네가 무엇을 하든 너의 꿈을 응원한단다."

4

스스로 설 수 있는 아이만이 변화를 이겨낼 수 있다

우리 일상에 제동을 건 코로나 바이러스는 학교 모습도 바꿔놓았습니다. 등교 수업이 불가능한 상황에서 원격 수업이 시작되었지요. 아이들은 교사가 올린 영상을 보며 쌍방향 수업에 참여했습니다. 교사가 확인하고 즉각 피드백하던 교실 현장을 벗어나 아이들의 능동적인 태도가 필요하게 되었어요. 아이들이 다시 등교하게 되었을 때 교사로서 필자는 이전보다 더 큰 학습 격차를 체감해야 했습니다.

같은 시간에 같은 영상을 본 아이들 사이에 왜 더 큰 학습 수준의 차이가 생긴 걸까요? 이러한 변화에 빠르게 적응하는 아이는 누구일까요? 바로 자기 주도적으로 학습이 가능한 아이입니다. 스스로 학습하고 주체적으로 배우는 아이, 즉 주도성이 높은 아이입니다.

우리는 현재 하루가 다르게 변화하는 4차 산업혁명 시대를 살아가고 있습니다. 4차 산업혁명 시대란 어떤 사회일까요? 〈EBS 미래 교육 플러스〉에 출연한 교육 전문가는 앞으로는 로봇과 인공지능, 생명공학이 주도하는 사회가 될 거라고 했습니다. 현재까지는 인간과 인간 사이의 다양한 문제가 중심이었어요. 미래는 로봇과 인간, 인공지능과 인간 사이에서 벌어지는 예측할 수 없는 문제가 대두되기에 불확실성이 크고 복잡해지리라 전망합니다. 그래서 교육 분야에서는 4차 산업혁명 시대를 대비할 수 있는 미래 인재 육성이 강조됩니다. 학교를 넘어 세상의 다양한 요소가 학습 자원이 되고 지식의 소비보다는 새로운 가치 창출이 중요해집니다.

급변하는 사회에서 행복하고 성공적인 삶을 살기 위해선 변화에 대처하는 능력이 필요해요. 단순한 일자리 문제가 아니라 인간으로서 현명하게 살기 위한 대비가 필요합니다. 사회의 흐름을 깨닫고 엄마가 먼저 변화해야 합니다. 아이에게는 주어진 정보와 지식을 습득하는 능력이 아닌 자신에게 필요한 정보를 선별하고 활용하여 자신의 문제를 해결하는 능력이 중요해져요. 이러한 능력은 유명한 학원을 보내고 과외를 시킨다고 해서 길러지는 것이 아닙니다. 습득된 지식과 정보를 활용하여 스스로 문제를 해결할 때 길러집니다.

미래 인재의 핵심 역량 4C

①비판적 사고 능력Critical Thinking

②창의성Creativity

③의사소통 능력Communication Skill

④협업 능력Collaboration

출처: 〈EBS 미래 교육 플러스〉 '미래 역량이란 무엇인가?'

교육 분야에서는 미래 사회에 필요한 역량에 대해 오랫동안 연구를 진행해왔습니다. 국가와 학자마다 조금씩 다르지만, 공통적으로 말하는 미래 인재의 핵심 역량을 4C로 정리할 수 있습니다.

이러한 핵심 역량을 키우기 위해서 선행해야 하는 것이 있습니다. 바로 '생각하는 힘'과 '높은 자존감'입니다. 단순히 주어진 지식을 받아들이기만 하면 비판적 사고 능력과 창의성을 기르기 어려워요. 지식에 어떤 의미가 있는지, 이 지식을 바탕으로 어떤 문제를 해결할 수 있는지를 판단할 수 있어야 해요. 사안에 대해 다르게 생각하고 새로운 시각으로 볼 수 있어야 합니다. 의사소통 능력과 협업 능력을 키우기 위해서는 자존감이 높아야 합니다. 높은 자존감을 가진 사람이 타인의 마음을 읽고 공감할 수 있으며 주체적으로 행동하고 도전하기 때문입니다. 높은 자존감을 가져야 뛰어난 대인 관계 능력도 제대로 발휘할 수 있어요.

세상을 지혜롭게 살아가기 위해 생각하는 힘은 아이들에게 꼭 필요합니다. 엄마는 아이가 스스로 생각할 수 있도록 지속적이고 적절한 자극을 주어야 해요. 질문과 대화를 통해 끊임없이 사고하도록 도와주세요. 아이가 다르게 생각하고 새로운 의견을 표현할 수 있게 유도해주세요.

우리의 뇌는 질문을 받으면 자동으로 답을 찾기 위해 움직입니다. 아이에게 유익한 질문을 건네면 뇌 역시 좋은 방향으로 움직입니다. "왜 그럴까?" "어떻게 생각해?" "정말 그럴까?" 등과 같은 질문으로 의문을 품게 해주세요. 좋은 질문을 자주 접하고 대화를 많이 한 아이들은 사고력이 높아집니다. 이러한 대화가 습관이 된다면 학업에도 긍정적인 영향을 미칩니다.

세상이 변화하는 속도와 무관하게 우리 아이는 굳건한 자존감을 가져야 합니다. 외부의 영향에 흔들리지 않고 변화하는 사회에서 자신을 지켜야 하기 때문입니다. 높은 자존감은 아이 혼자서 가질 수 없어요. 최초의 자존감은 처음 만나는 주 양육자의 반응을 통해 형성됩니다. 아이가 태어났을 때 아이의 욕구를 관찰하고 즉각적으로 채워주어야 합니다. 따뜻한 관심과 보살핌을 받을 때 아이는 자기 존재에 대해 긍정적으로 받아들이게 됩니다. 스스로 경험하고 작은 성취감들을 쌓아야 해요. 자신을 믿고, 실패하더라도 다시 일어설 수 있는 회복 탄력성을 가져야 합니다. 건강하고 높은 자존감은 자립적인 어른으로 자라는 데 밑바탕이 됩니다.

미래 사회에서는 기계가 할 수 있는 일은 로봇으로 대체되어 자동화됩니다. 전문가들은 인간다움이 강조되어 제2의 르네상스 시대가 될 것으로 전망합니다. 과거의 교육은 단순히 지식을 전달하고 습득하는 것에 한정되어 있습니다. 앞으로의 교육은 더 나은 미래를 만들어나가는 능력을 키워주는 과정이 핵심이 됩니다. 더 나은 미래, 개인의 행복을 추구하기 위해선 본인의 문제를 스스로 해결하는 문제 해결 능력이 중요해요. 엄마가 아이의 모든 문제를 해결해줄 수 없고, 해결해주어서도 안 됩니다. 아이가 미래 사회에서 살아남기를 진정으로 원한다면 아이의 자립심을 먼저 길러주어야 합니다.

5

교육철학에 대하여: "엄마는 나를 어떻게 키웠어?"

처음 아이를 뱃속에 품었을 때를 떠올려보세요. 생명이 몸 안에서 자란다는 것만으로도 경이롭습니다. 예비 부모들은 아이를 맞이할 준비를 합니다. 아기용품을 사고 아이에게 무엇이 필요한지 공부합니다. 처음 맡는 부모라는 역할을 잘 해내기 위해, 소중한 아이에게 가장 좋은 것을 주기 위해 준비해요. 아이를 위해 준비할 것이 많지만 엄마라면 꼭 생각해봐야 할 것이 있습니다. 바로 우리 아이를 어떻게 키울지에 대한 교육철학입니다. 부모의 교육철학은 아이가 어릴 때부터 확립하는 것이 좋습니다. 그래야 엄마가 외부의 힘에 흔들리지 않고 아이를 위한 선택을 할 수 있습니다. 혹여나 흔들리더라도 다시 출발선으로 돌아올 수 있어요.

《믿는 만큼 자라는 아이들》의 저자이며 여성학자인 박혜란 작가는 "공부해"라는 말 한마디 하지 않고 세 아들을 모두 서울대에 보냈습니다. 예능 프로그램 〈유 퀴즈 온 더 블럭〉에 출연한 그는 "나는 아이들을 키우지 않았다. 그저 아이들이 자라는 것을 지켜보았을 뿐이다"라고 했습니다. 아이가 태어나 처음 마주 본 순간 스스로 잘 자랄 것이라는 믿음이 생겨났다고 해요. 〈EBS 초대석〉에서는 "자라는 아이에게 엄마가 해줄 수 있는 일은 아이가 스스로 생각하고 행동할 때까지 안아주고, 믿어주고, 기다려주는 것"이라며 아이의 행복은 엄마가 정할 수 없다고 했습니다. 아이를 있는 그대로 인정하고 무엇을 하고 싶은지 궁금해하며 바라봐 주었다고 해요.

세 아들은 작가의 책 제목처럼 믿는 만큼 자랐습니다. 첫째는 건축학과 교수로, 둘째는 '이적'이란 이름의 가수로, 셋째는 방송국 PD로 각자 하고 싶은 일을 하며 살아가고 있습니다. 세 아들이 남부럽지 않게 잘된 이유는 바로 엄마에게 단단하고 분명한 교육철학이 있었기 때문입니다. 다른 집 아이들과는 물론이고 형제들끼리도 비교하지 않았습니다. 아이에게 부족한 것을 채우려 하지 않고 아이만의 고유한 능력과 재능이 있음을 믿었어요. 왜 더 좋은 성적을 받아오지 않느냐며 닦달하지 않았습니다. 사교육 열풍이 휘몰아친 교육 현장에서 꿋꿋하게 소신을 지켰습니다.

아이들이 알아서 스스로 잘하게 된 바탕에는 엄마의 믿음이 있었어요. 엄마의 믿음은 일관되고 분명한 교육철학에서 나옵니다. 엄마가 단단한 교육철학을 가지면 아이는 정서적으로 안정된 환경에서 자랄 수 있어요. 아이가 자신에 대한 믿음을 가지고 '나의 일은 내가 책임지고 알아서 해야 하는구나'를 몸소 깨우치게 하였습니다. 그가 아이들에게 가장 많이 했던 말은 "네가 알아서 커라"라고 합니다. 아이를 방치해야 한다는 뜻이 아닙니다. 사랑과 관심을 가지고 아이를 바라봐주고 무엇을 원하는지 궁금해해야 합니다. 다만 엄마는 결정적 순간에 한 발짝 물러나 아이가 스스로 결정하도록 기다려야 합니다.

가수 이적이 어린 시절 어머니에게 "엄마! 나 공부 잘하면 뭐 해줄 거야?"라고 물은 적이 있다고 합니다. 이에 그는 "공부 잘하면 네가 좋은 거지 내가 좋은 거니? 네가 공부하는 건 엄마를 위해서 하는 일이 아니다"라고 답했다고 합니다. 아이가 엄마를 위해 살지 않도록 하는 것, 엄마의 기대를 충족하지 않아도 되는 것, 이를 아는 것만으로도 아이는 안심하고 더 멀리 나아갈 수 있습니다. 엄마의 품에서 벗어나 자유롭게 자신의 인생을 펼칠 준비를 할 수 있어요. 엄마가 전전긍긍하고 모든 것을 통제한다고 해서 아이가 바른길로 가는 것은 아닙니다. 어차피 일어날 일은 일어나게 되어 있어요. 엄마는 걱정은 내려놓고 아이 곁에서 지켜봐주면 됩니다. 그걸로 충분합니다.

아이에게 맞는 교육 기준과 목표가 필요하다

국민 강사로 알려진 김미경 작가는 유튜브 채널에서 '철학 있는 엄마로 살기'란 주제로 자녀 교육 강의를 한 적 있습니다. 김미경 작가는 "아이는 고유한 영혼으로 탄생한다"라고 했습니다. 아이가 엄마의 신체적인 부분을 닮을 수 있지만, 성품은 타고난다고 합니다. 아이가 세상을 살아가는 철학, 세상을 판단하는 생각, 꿈, 좋고 싫음은 모두 아이의 몫이에요. 그래서 엄마는 아이의 탄생에 대한 철학부터 잘 세워야 한다고 강조합니다. 아이의 탄생에 대한 철학이 분명해야 이에 걸맞게 아이의 고유한 영혼을 존중하며 잘 키울 수 있다는 것입니다.

아이들은 저마다 다른 속도로 성장합니다. 꽃마다 다른 빛깔과 향기를 가지듯 아이들도 서로 다른 가능성을 품고 태어납니다. 이 세상에 똑같은 사람은 없습니다. 당신의 아이는 세상에 하나뿐인 존재예요. 그렇기에 엄마는 아이를 관찰하며 아이의 성향부터 잘 파악해야 합니다. 아이에게 맞는 교육의 기준과 목표를 설정해야 해요. 아이에 관한 것은 아이에게 물어보는 것이 가장 정확합니다. 아이는 아이다워야 자연스럽고 편안해요. 아이에게 맞지 않는 옷을 입히기 위해 아이를 억지로 바꿀 필요가 없습니다. 아이를 있는 그대로 인정하면 아이의 강점이 보이고 개성이 보입니다.

교육의 목표는 자립입니다. 아이가 건강하게 자립하기 위해서는 엄마가 먼저 안정되고 흔들리지 않아야 합니다. 엄마가 소신 있는 교육철학을 바탕으로 자신만의 기준을 세운다면 어떤 위기가 와도 아이는 잘 헤쳐나갈 수 있습니다. 엄마의 기준이 명확하면 아이는 타인의 시선에서 자유로울 수 있습니다. 엄마가 믿고 지켜봐준 만큼 자신에 대한 확신이 생기기 때문입니다. 아이가 자기 삶 속에서 가능한 많은 선택과 실패를 하고 배울 수 있도록 해주세요. 주변의 평판을 두려워하지 말고 아이의 편이 되어주세요. 아이가 건강하게 자립하기 위해서는 욕심과 불안을 내려놓는 엄마의 용기가 더욱 필요합니다. 단단한 교육철학을 가진 엄마와 함께 아이는 주도적이고 자립적인 성인으로 자라납니다.

6

행복한 아이가 홀로 설 수 있다

한국방정환재단의 의뢰로 연세대 사회발전연구소는 초4부터 고3까지 총 7454명의 학생을 대상으로 '한국 아동 청소년 행복 지수'를 조사했습니다. 2019년 주관적 행복 지수 표준 점수는 2018년(94.7점)보다 6점 정도 하락한 88.51점이었습니다. OECD 22개국 중 20위입니다. 주관적 행복 지수를 측정하는 여섯 가지 항목(주관적 건강, 삶의 만족, 학교생활 만족, 소속감, 어울림, 외로움) 중 삶의 만족도는 최하위를 기록했어요. 아이들은 성공이 보장된 행복을 강요당하면서 정작 행복해지는 법은 배우지 못했어요. 행복하지 않으니 쉽게 우울해지고 생기가 없어요. 무엇을 해야 즐거운지 모릅니다. 하고 싶은 것이 없으니 자기 삶을 스스로 이끌어가지 못합니다.

자살률 1위 국가 대한민국

용인의 한 초등학생이 엄마와 학업에 관한 대화를 나눈 뒤 아파트 10층에서 뛰어내려 자살하는 충격적인 사건이 있었습니다. 공부 문제로 갈등을 겪던 학생이 반복되는 학업 스트레스를 견디지 못하고 극단적인 선택을 한 것입니다. 반에서 줄곧 1등을 하던 한 여중생은 특목고 입시에 떨어진 것을 비관해 아파트에서 투신해 세상을 떠났습니다. 중학교 성적이 석차 2퍼센트 안에 들어야 입학할 수 있는 자사고에 다니며 전교 1등까지 했던 한 고교생은 아파트에서 몸을 던져 스스로 목숨을 끊었습니다. 투신하기 직전 어머니에게 "제 머리가 심장을 갉아먹는데 이제 더 이상 못 버티겠어요. 죄송해요"라고 문자메시지를 보냈다고 합니다.

한국은 2003년 이후 2017년을 제외하고 20년 가까이 자살률 1위라는 불명예를 기록하고 있습니다. 특히 청소년 사망 원인 1위가 자살이며 중고생 열 명 중 세 명은 우울감을 느낀다고 합니다. 이러한 우울감과 자살 충동은 대학에 입학한 후까지 이어지기도 해요. 명문대로 손꼽히는 카이스트에서는 2016년까지 여섯 명의 학부생이 스스로 목숨을 끊었습니다.

매일 즐거움을 느끼고 행복해야 할 아이들은 왜 죽음을 선택했을까요? 어릴 때부터 자신이 원하는 것을 스스로 생각하고 선택할 기회가 없어 자기 확신과 믿음이 마음에 단단히 자리 잡지 못했기 때문입니다. 스스로 생각하고 판단하여 행동으로 옮기는 자기 주도성을 배울 기회가 없었던 겁니다.

한국 청소년이 가장 많이 듣는 말은 "하고 싶은 건 대학 가고 나서"입니다. 입시 경쟁에서 살아남아 좋은 대학교에 입학하기 위해 아이들은 행복을 누릴 겨를이 없어요. 모국어를 다 익히기도 전에 영어 유치원에서 영어를 배웁니다. 고등학생이 되면 "지금 자면 꿈을 꾸지만 지금 공부하면 꿈을 이룬다" "사당오락(4시간 자면 합격, 5시간 자면 불합격)" 등의 문구를 책상에 붙이고 잠을 줄여가며 공부합니다. 대학에 가서는 자신과 비슷하거나 더 뛰어난 실력자들과 겨루다 보니 낙오할 때가 생기고 좌절도 경험해요. 취업을 위해 자신을 채찍질하고 더 나은 내일을 위해 오늘의 행복을 포기하게 됩니다. 이 아이들의 마음속에 희망이 자랄 수 있을까요? 행복한 마음으로 내일을 기다릴 수 있을까요?

아이들에게 행복해지는 법을 알려주어야 한다

아이들은 놀 때 가장 행복해요. 공부와 놀이의 균형이 적절하게 이루어질 때 아이들은 인생이 행복하다고 느낍니다. 10대 시절에 행복을 느낀 아이들이 어른이 되어서도 행복과 만족을 더 잘 느낀다고 합니다. 어릴 때부터 자신이 행복한 사람이라고 생각할수록 미래를 긍정적으로 바라봅니다. 사회에 나가서도 주도적으로 성취합니다. 아이들에게 당장 필요한 것은 고액 과외, 전교 1등 아이가 다니는 학원이 아닙니다. 일상에서 오는 소소한 즐거움, 마음껏 놀고 쉴 수 있는 시간, 하고 싶은 것을 고민할 수 있는 여유가 필요합니다. 노는 것도 때가 있어요. 어릴 때 놀아봐야 어른이 되어서 지치고 힘든 자신을 돌보고 다독이는 휴식을 취할 수 있습니다.

엄마는 먼저 아이의 하루를 돌아보아야 합니다. 엄마에게 혼나지 않기 위해 문제집을 풀고 있지는 않은지, 아이가 다니는 학원이 아이가 원해서 다니는 것인지, 엄마의 욕심과 기대로 인해 아이가 무리하고 있는 것은 아닌지를 말입니다. 공부의 목적은 무엇이며 아이가 공부할 준비가 되어 있는지, 아이가 어떤 일을 할 때 몰입하고 좋아하는지를 말입니다. 무엇보다 아이의 표정을 읽고 마음을 헤아리는 것이 가장 중요해요. 그러기 위해서는 엄마가 먼저 마음을 내려놓고 욕심을 버려야 합니다. 아이를 엄마의 욕심으로 채우려 하지 말고 비워두면 아이가 스스로 채우려고 할 겁니다. 아이는 엄마의 생각보다 훨씬 자신에 대해 고민이 많으며 또한 강합니다.

우리는 아이들에게 행복한 어른이 되라고 말해주는 동시에 행복해지는 법도 함께 가르쳐주어야 합니다. 아이 스스로 무엇을 할 때 행복하고 무슨 일을 하고 싶은지 알아가도록 해야 합니다. 어떻게 자신의 삶을 꾸려나갈 것인지 생각하고 실천으로 옮길 수 있도록 도와주어야 합니다. 이제부터라도 아이가 선택한 것을 지지하고 인정해주는 연습을 해야 해요. 결과뿐만이 아니라 노력을 알아봐 주고 칭찬해주어야 해요. 실패해도 괜찮다고, 세상에 완벽한 사람은 없다고 알려주어야 해요. 아이는 이 세상에 단 하나뿐인 소중한 존재이고 그 자체만으로 사랑스럽다는 사실을 느끼게 해주어야 합니다. 그때 아이는 높은 자존감을 가지고 어떤 어려움이 닥쳐도 스스로 이겨내고 행복한 선택을 하게 됩니다.

매일 행복의 말을 아이에게 건네는 여유를 가져야 합니다. 아이를 안아주고 쓰다듬으며 스킨십을 한다면 아이는 더 큰 사랑과 행복을 느끼게 돼요. 사람이 행복을 느끼는 이유는 행복한 순간을 알고 소중히 여길 수 있기 때문입니다. 행복한 사람은 만족스럽고 행복한 상황을 끊임없이 추구하며, 주체적으로 이런 상황을 만들기 위해 노력합니다. 행복한 아이는 스스로 행복한 삶을 찾아 떠납니다. 엄마의 열렬한 지지와 응원을 받은 아이는 행복할 수밖에 없어요. 행복한 마음이 밑바탕이 되어야 아이는 건강하고 튼튼하게 뿌리를 내리고 홀로 설 수 있습니다.

2장

자기 주도적인 아이들의 첫 번째 조건: 엄마가 아이를 믿어주는 크기만큼

1

엄마의 일관된 태도가 아이를 바른길로 이끈다

엄마는 몸이 열 개라도 부족합니다. 새벽같이 일어나 아이 등교 준비를 시키고 학교에 데려다준 후 출근합니다. 퇴근 후 집에 와서는 아이의 과제 검사, 저녁 준비, 집 정리 등으로 숨 돌릴 틈도 없어요. 그래서 지치기도 합니다. 여유가 있으면 온화하게 대하지만, 여유가 없으면 다그치고 쉽게 짜증을 냅니다. 아이와 규칙을 정하고도 피곤하고 바쁘다는 이유로 챙기기 어려워요. 엄마의 상황에 따라, 기분에 따라 양육 태도가 달라지면 어떻게 될까요? 엄마의 말은 신뢰를 잃고 아이는 엄마의 말을 귀담아듣지 않게 됩니다. 엄마는 양육 태도를 먼저 확인하고 일관된 양육 방식을 유지해야 해요. 기준을 명확하게 정하고 방향을 올바르게 잡아야 합니다.

나는 어떤 양육 태도를 가진 엄마인가?

W. C. 베커Becker는 양육 태도를 '부모 또는 양육자가 자녀를 양육하면서 나타내는 태도 및 행동'이라고 정의했습니다. 양육 태도는 부모와 자녀의 관계 형성에 큰 영향을 끼쳐요. 부모의 자녀 양육 유형을 연구한 버클리대학 다이애나 바움린드 교수는 애정과 통제 두 축을 중심으로 권위, 독재, 허용의 세 가지 유형으로 나누었습니다. 미국의 발달심리학 교수 엘레노어 맥코비Eleanor Maccoby와 존 마틴John Martin이 이것을 한층 더 체계적으로 보완하여 네 가지의 양육 태도로 나눕니다. 민주적 양육 태도authoritative(권위적), 독재적 양육 태도authoritarian(권위주의적), 허용적 양육 태도permissive, 방임적 양육 태도uninvolved(무관심적)입니다.

민주적 양육 태도는 가장 바람직한 양육 태도로 자녀에 대한 애정과 통제를 모두 갖추고 있어요. 온화한 태도로 아이와 열린 대화를 하며 선택권과 자율권을 줍니다. 잘못된 행동에 대해선 엄격한 태도로 바로잡아 줍니다. 대신 아이에게 반드시 그 이유를 설명하고 아이의 감정을 먼저 헤아려줍니다. 민주적인 양육 태도를 지닌 부모 아래서 자란 아이는 부모와 건강한 애착 관계를 맺어요. 독재적 양육 태도는 애정은 낮지만, 통제가 높을 때 생기는 양육 태도입니다. 무조건 엄마의 말을 따를 것을 강요하고 독재자처럼 군림하고자 합니다. 이때 아이는 자신의 감정과 생각을 존중받

애정과 통제에 따른 네 가지 엄마 유형(맥코비와 마틴의 양육 태도)

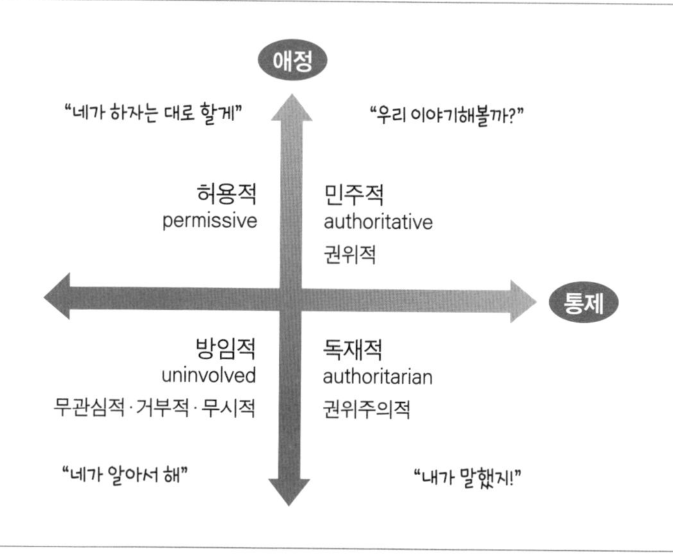

출처: 자녀 교육 전문 블로그, 〈국피디의 육아저널〉

지 못하기 때문에 무력감에 빠지기 쉬워요.

애정은 높지만, 통제를 거의 하지 않는 허용적 양육 태도를 지닌 부모는 자녀를 과잉보호합니다. 아이가 원하는 것은 무엇이든지 다 해주고 싶어 해요. 부모의 권위를 내세우지 않기 때문에 친구 같은 엄마처럼 보일 수 있습니다. 이런 양육 태도 아래에서 자란 아이는 자기중심적이고 타인을 배려하지 못하며 감정 조절을 하지 못해요. 방임적 양육 태도는 애정과 통제가 모두 낮은 양육 태도이며 아이에게 무관심합니다. 모든 것을 아이에게 맡기고 스스로 결정하기를 바랍니다. 이런 경우 아이가 사랑받고 있음을 느끼기 어려워 부모와 애착 관계를 맺기 힘들어요. 아이는 관심을 받지 못하고 올바른 규칙과 질서를 배우지 못해 무력감과 우울감을 느끼기 쉽습니다. 건강한 대인 관계를 맺기 어렵고 공격적인 성향을 보이기도 합니다.

부모의 양육 태도에 따른 영향을 살펴보면 아이를 키우는 데는 애정과 통제가 모두 필요합니다. 적절한 통제를 경험한 적 없는 아이는 자기중심적이며 자기 통제력이 부족합니다. 원하는 것은 즉각적으로 충족되었기에 충동적이고 욕구를 지연시키기 어렵습니다. 반면 사랑받은 경험이 없는 아이는 엄마의 사랑을 확신할 수 없어 눈치를 살피기 급급해요. 엄마의 통제에 의해서만 움직였기 때문에 자율성이 부족하고 의존적입니다. 항상 누군가의 의견을 물어보고 그에 맞추려고 합니다.

애정과 통제가 균형 잡힌 양육 태도

초등학교 1학년 성원이는 감정 기복이 크고 공격적인 성향을 보이는 아이였어요. 놀이하다 자신에게 불리하면 물건을 던지거나 친구를 때리기도 했습니다. 수업 시간에 좀처럼 앉아 있지 못하고 갑자기 교실 밖으로 나가는 등 돌발 행동도 일삼았습니다. 성원이 어머니와 전화 상담을 통해 어머니께서 직장을 다니며 혼자 아이를 키운다는 것을 알게 되었습니다. 함께 보내는 시간이 적다 보니 어머니는 늘 아이의 기분을 살피고 맞춰주려 노력했어요. 원하는 것은 무엇이든 다 해주려 했습니다. 잘못된 행동을 해도 아이를 혼내지 않고 타이르기만 했습니다.

성원이 어머니는 "혼자서 아이를 키우다 보니 다른 아이들과 비교되지 않도록 무엇이든 해주고 싶었다"라고 해요. 집에서도 성원이는 자신이 하고 싶지 않은 일을 엄마가 시키거나 원하는 것을 못하게 하면 공격적인 태도를 보인다고 해요. 안쓰러운 마음에 아이가 잘못된 행동을 해도 쉽게 혼내지 않았어요. 성원이 어머니는 과잉 애정과 과잉보호로 인해 아이를 통제하지 못한 허용적 양육 태도를 지닌 엄마였습니다. 아이는 자신이 원하는 방향으로만 행동했습니다. 원치 않은 일을 하게 했을 때 감정을 주체하지 못하고 반항적인 태도를 보였어요. 지나치게 관대한 태도로 아이를 대하면 아이는 엄마가 어느 정도로 허용하는지 파악합니다. 그리고 받아들여지는 만큼 행동하게 됩니다.

아이가 바라는 것을 전적으로 들어주고 결정을 존중하면 아이가 독립적으로 자란다고 생각합니다. 하지만 지나치게 결정권이 주어지면 아이는 불안함과 혼란을 느낍니다. 이는 충동적이거나 반항적인 문제 행동으로 표출되기도 해요. 아이를 혼내지 못하는 엄마는 대체로 마음이 여립니다. 마음이 아프다는 이유로 '내가 참아야지'라고 생각하며 넘기기 쉽습니다. 눈감아 주는 것은 아이를 위한 방식이 아닙니다. 혼내면 마음이 괴로우니 그 상황을 모면하려는 임시방편일 뿐입니다. 아이를 진정으로 위한다면 엄마가 마음이 아프더라도 잘못된 행동을 바로잡아 줘야 합니다. 오직 엄마만이 아이를 올바른 길로 끌어줄 수 있어요.

아이는 엄마가 적절히 통제해줄 때 안정감을 느낍니다. 규칙을 체계적으로 정해주고 행동의 울타리를 만들어줄 때 보호받고 있음을 느껴요. 하지만 엄마의 양육 태도가 강압적이고 독재적이기만 하면 아이는 엄마를 무서운 대상으로 인식하게 됩니다. 두려움을 느낀 아이는 엄마 눈치를 보게 되고 스스로 결정을 내리기 어려워요. 엄마가 시키는 대로 하게 되어 의존적인 성향으로 자라거나 사춘기에 접어들어 반항심을 가지게 됩니다. 엄마는 무조건적 사랑으로 아이를 대하되 아이가 잘못된 행동을 보일 때는 엄격하게 해야 합니다. 아이가 고집을 부려도 흔들리지 않고 일관된 양육 태도를 보여야 해요.

같은 아이, 서로 다른 태도의 엄마와 아빠

초등학교 4학년 성운이는 책을 좋아하고 동물에 관심이 많은 아이예요. 내성적인 성격의 성운이는 밖에서 놀기보다는 책 읽기와 만들기를 좋아했어요. 어머니는 성운이의 성향을 존중했지만,

아버지는 "남자답게 커야 한다"라며 못마땅하게 여겼습니다. 신체 활동 능력이 떨어지는 성운이를 데리고 하기 싫어 하는 축구를 시키기도 했습니다. 성운이가 자신 있게 나서지 못하고 소극적인 모습을 보이면 혼을 냈어요. 어머니와 아버지는 서로 다른 견해로 자주 부딪쳤습니다. 성운이는 자신에게 호의적인 어머니와는 좋은 관계를 유지했지만, 아버지는 어려워했어요.

같은 상황에서 부모가 서로 다른 태도를 보인다면 아이는 혼란에 빠지게 됩니다. 엄마는 괜찮다고 하는데 아빠가 혼낸다면 '좋은 엄마와 나쁜 아빠'라고 여깁니다. 부부는 아이를 함께 키우는 팀이에요. 서로 의견을 공유하고 일관성 있게 아이를 대해야 합니다. 각자 허용할 수 없는 행동의 목록을 작성해보고 서로 비교하며 반드시 따라야 하는 통일된 행동 규칙을 정해야 합니다. 규칙을 정한 후에는 엄마와 아빠가 아이의 행동에 같은 태도를 보이는 것이 중요해요.

부모의 양육 태도는 아이와의 관계 수준을 결정하고 아이 성격 형성에 큰 영향을 끼칩니다. 아이가 하려는 일을 엄마는 안 된다고 하고, 아빠는 지지한다면 아이는 방향을 잡지 못합니다. 부모의 권위 역시 떨어지게 됩니다. 부부는 아이를 어떤 어른으로 키울지 함께 고민하고 일관된 태도를 보여야 해요.

부부 간의 양육 태도 차이와는 별개로 한 사람의 양육 태도가 일관되지 못한 것도 문제입니다. 같은 행동을 했는데 엄마가 기분 좋을 때는 칭찬받고, 피곤할 때는 혼이 난다면 아이가 혼란스러워 합니다. 기분에 따라서 아이를 대하는 태도가 달라져서는 안 됩니다. 일관성 없는 양육 태도는 신뢰를 떨어뜨리고 아이의 행동 허용치를 넓힐 뿐입니다.

일관되고 안정된 양육 태도는 아이가 높은 자존감을 가지고 자립적으로 성장하는 데 단단한 밑바탕이 됩니다.

실천 TIP 이제는 이렇게 해보세요!

- 본문에 나와 있는 맥코비와 마틴의 양육 태도 그림을 보면서 현재 자신의 양육 태도는 무엇인지 확인해보세요. 나는 어떤 부모인지 파악하는 것이 중요합니다.
- 애정과 통제의 균형이 중요해요. 애정이나 통제 중 한쪽으로 치우치면 아이와의 관계가 불안해져요. 애정과 통제가 균형 잡힌 일관된 양육 태도를 지녀야 아이가 안정감을 느낍니다.
- 양육자가 서로 다른 양육 태도를 보인다면 아이가 혼란을 느낍니다. 부부가 서로 합의한 일관된 양육 태도를 지니는 것이 중요해요.

2

스스로 선택하는 아이,
늘 엄마에게 물어보는 아이

하루 동안 아이에게 가장 많이 한 말을 한번 떠올려보세요. "휴대폰 그만 보고 밥 먹어라." "게임 그만하고 숙제해라." 교실에서도 마찬가지예요. "책 읽으세요." "수학 익힘 45쪽 푸세요." "복도에서는 뛰면 안 돼요." 아이들에게는 온통 지시뿐입니다. 아이는 어떤 마음이 들까요? 하려는 마음이 샘솟을까요? 하려는 마음이 들다가도 하기 싫어질 거예요. 선택하려는 욕구는 인간의 본성이기 때문입니다. 사람은 자신이 선택한 것을 할 때 더 의욕적으로 변합니다. 더 잘하고 싶고 더 열심히 하게 됩니다. 아이가 스스로 잘 해내길 바란다면 아이를 믿고 선택권을 주어야 해요. 같은 행동이라도 자신이 선택한 것에 더 책임감을 느끼고 끝까지 해내려 합니다.

"선생님, 이거 해도 돼요?"

교실에는 각양각색의 아이들이 있습니다. 가장 안타까운 아이는 스스로 선택하지 못하는 아이입니다. 글쓰기를 할 때 어떤 주제로 글을 쓸지 선택하지 못해 수업 시간을 그냥 흘려보내기도 해요. 쉬는 시간에 화장실을 가도 되냐고 묻는 아이, 우유 마셔도 되냐고 묻는 아이…. 마땅히 해도 될 행동이지만 선생님의 허락을 받고 나서야 안심하는 아이들이 많아요. 색종이 접기를 해도 되는지, 그림을 그려도 되는지, 물을 마셔도 되는지 일일이 물어봅니다. 저학년뿐만 아니라 6학년이 되어도 사소한 것까지 묻는 아이들이 많습니다.

등교 이후부터 하교할 때까지 매시간 묻는 아이들은 스스로 선택한 경험이 거의 없는 아이들입니다. 엄마의 지시로 움직였기에 자기 행동에 확신이 없습니다. 스스로 선택한 경험이 없기에 엄마나 선생님에게 묻고 나서야 확신을 얻고 행동합니다. 아이는 시키는 것만 하면 되니 생각하기를 포기합니다. 스스로 선택하지 않으면 원치 않은 결과가 나왔을 때 책임을 떠넘기기 쉬워요. 선택의 경험이 없는 아이는 어른이 되어서도 자기 일에 소신을 갖지 못합니다. 무엇을 해야 할지 모르고 다른 사람에게 의지하고 묻기 바쁩니다. 다른 사람에게 맞추기 급급한 줏대 없는 어른이 됩니다.

엄마는 어릴 때부터 아이의 의견을 묻고 존중해야 합니다. 어린 아이가 선택할 수 있는 사소한 것에서부터 출발하면 좋아요. 읽고 싶은 책 고르기, 외식 메뉴 선택하기, 입을 옷 고르기 등 아이와 관련된 것은 아이에게 물어보세요. 아이의 의견을 물을 때 이유도 함께 물으면 더 좋습니다. 이 과정을 통해 아이는 자신의 선택이 반영되고 존중받음을 느낍니다. 선택에 따라 결과가 달라지는 것을 본 아이에게는 선택에 대한 책임감도 생깁니다. 엄마는 아이의 선택이 의미 있다는 걸 몸소 느끼게 해주어야 해요. 스스로 선택하게 하는 것은 아이의 자존감을 키워주는 데도 강력한 힘을 발휘합니다.

아이가 스스로 선택하기 위해서는 일련의 단계를 거치는 것이 좋아요. 첫 번째는 아이가 무엇을 원하는지, 그리고 그 이유는 무엇인지 물어보세요. 아이가 말하는 것이 얼토당토않다 하더라도 들어주고 공감해주는 것이 중요합니다. 아이는 자신의 마음을 엄마가 알아주기만 해도 존중받고 있다는 것을 느낍니다. 두 번째는 한계를 정해주는 것입니다. 아이에게 혼자서 선택하라고 하면 혼란스러울 수 있습니다. 가능한 선택지를 두세 가지 정해 제시하는 것이 좋아요. 되도록 좋은 결과를 가져올 수 있는 선택지를 주면 아이가 성취감을 느껴 자긍심을 가지게 됩니다. 마지막으로는 선택에 따르는 결과는 아이의 몫으로 남겨두세요. 선택한 것의 결과를 책임져야 한다는 것을 깨달은 아이는 신중한 선택을 위해 심사숙고하게 됩니다.

선택 존중하기

학부모님과 상담을 하면 스마트폰 사용으로 인한 갈등이 많음을 알 수 있어요. 미정이는 스마트폰 중독 검사에서 고위험군으로 진단받았습니다. 집에서는 스마트폰만 끼고 지낸다고 해요. 이를 보다 못한 엄마가 스마트폰을 빼앗고 "공부해!"라며 언성을 높이면 책상에 앉긴 하지만, 10분도 채 앉아 있질 못한다고 합니다. 스마트폰 사용 금지라는 조치도 내려보았지만, 미정이의 짜증만 늘 뿐이었습니다. 정도가 심하면 욕설도 서슴지 않았어요. 어머니는 일상생활에 지장을 보이고 감정 통제도 되지 않는 미정이를 어떻게 하면 좋을지 상담을 요청하셨어요.

아이가 숙제나 공부를 등한시하고 스마트폰만 한다면 엄마의 속은 타들어 갑니다. 초등학생에게도 스마트폰은 친구들과의 중요한 연결 고리이며 놀이 도구가 되었어요. 아이들은 함께 모여 있는 자리에서도 스마트폰으로 소통하고 게임을 함께 하며 시간을 보내요. 몇 시간이고 영상 통화를 켜놓고 이야기를 나누기도 합니다. 초등학교 고학년이 되면 엄마보다 또래 친구들에게 더 영향을 받고 이 관계를 중요시해요. 초등학교 저학년 때는 엄마의 통제가 가능하지만, 고학년이 되면 아이를 대하는 것이 더욱 어려워집니다. 엄마가 강제로 금지하거나 스마트폰을 빼앗는다면 엄마에 대한 원망만 커지고 분노에 휩싸이게 돼요. 화에 압도되어 무엇이 문제인지 생각하지 못하게 됩니다.

무작정 지시하고 통제하려는 것은 효과가 없습니다. 엄마의 성화에 못 이겨 책상에 앉지만 공부하려는 마음이 솟지는 않아요. '엄마가 나를 위한 마음이 크셔서 공부하라고 하시는구나'라고 생각하지 않습니다. 아이가 원해서 하는 것이 아니기 때문입니다. 단지 엄마가 하라고 하기에 시늉만 할 뿐입니다. 이때는 아이와의 대화를 통해 시간을 관리하는 좋은 기회로 삼는 것이 좋아요. 먼저 아이에게 스마트폰 사용 시간에 대한 의견을 물어보아야 합니다. 아이들은 자신의 행동이 잘못되었음을 잘 알고 있어요. 다만 생각만큼 통제가 되지 않을 뿐입니다.

아이가 스마트폰을 오래 한다면 나름의 이유에 대해 먼저 물어봐 주세요. 비록 논리에 맞지 않더라도 아이의 말을 끊지 않고 충분히 경청하는 것이 중요합니다. 이후 아이가 생각하는 적당한 스마트폰 사용 시간을 물어봅니다. 네 시간, 여섯 시간 등 엄마의 기준보다 많을지라도 수긍하고 그 이유를 물어봅니다. 아이의 선택을 먼저 존중하는 태도를 보이는 것이 중요해요. 그 후 엄마가 생각하는 시간을 제시하여 아이와 적당한 사용 시간을 정하도록 합니다. 스마트폰 사용 시간에 대한 자신의 의견이 반영되었기 때문에 아이는 그 약속을 지키려고 노력합니다. 스마트폰을 사용한 시간만큼 스스로에게 유익한 또 다른 활동을 정한다면 시간을 관리하는 법 또한 익히게 됩니다.

믿고 기다려주기

미정이는 엄마와 주중에는 하루 두 시간, 주말에는 하루 세 시간의 스마트폰 사용 시간을 가지기로 약속했어요. 엄마는 미정이에게 더 이상 "스마트폰 내려놔"라는 말을 하지 않습니다. 다만 미정이가 정한 시간보다 스마트폰을 많이 사용한다면 "미정아, 약속한 두 시간이 지났어"라고 얘기해요. 미정이 역시 시간을 확인하고 스마트폰을 공동으로 보관하는 장소에 갖다놓습니다. 그 후에는 숙제를 하거나 책을 읽어요. 전에는 미정이가 학교에서 돌아오면 "숙제부터 해!"라고 다그치던 엄마도 "미정아, 놀고 숙제할래, 숙제하고 놀래?"라고 먼저 물어봅니다. 미정이에게 선택권을 주었기에 관계도 회복되었고 미정이도 지키려고 노력하게 되었어요.

아이의 선택을 존중하고 따르기로 했다면 믿고 기다려주는 과정이 꼭 필요합니다. 엄마는 아이의 선택이 의미 있고 가치 있다는 것을 아이가 느끼게 해주어야 해요. 아이의 선택이 엄마의 마음에 들지 않더라도 말입니다. 엄마가 자신의 선택을 존중해줄 것이라는 믿음을 가질 때 아이의 스스로 선택하는 힘이 커집니다. 물론 다른 사람에게 피해를 주거나 위험한 행동을 한다면 엄격하게 통제해야 합니다. 아이의 선택을 최대한 존중해주되 행동에는 분명한 제한이 있어야 해요. 존중과 방임은 엄연히 다릅니다. 방임은 무관심에 가깝습니다.

초등학생 자녀를 둔 엄마는 아이의 숙제까지 떠맡고는 합니다. 아이의 숙제는 아이의 것이지 엄마가 대신 해주어선 안 됩니다. 아이의 일은 아이의 몫으로 남겨두고 직접 하도록 해야 합니다. 아이에게 "미술 숙제가 내일까지던데, 언제 하는 게 좋겠니?"라며 물어보는 정도가 적당합니다. 엄마는 해야 할 일을 인지하도록 언급할 수는 있어요. 실천은 아이가 선택하도록 기다려주어야 합니다. 엄마는 아이가 현명한 선택을 할 수 있도록 안내하는 역할까지만 하면 됩니다. 선택은 아이의 몫이며 선택의 결과 역시 아이가 감당해야 해요. 엄마는 아이의 선택을 믿고 기다려주어야 합니다.

아이가 선택한 것을 엄마가 들어줄 수 없을 때는 무작정 안 된다고 해서는 안 됩니다. 아이가 무언가를 하고 싶어 할 때는 이유가 있어요. 아이의 이유를 충분히 듣고 아이의 마음을 헤아린 후 아이에게 다시 돌려주어야 합니다. "우리 은희가 밖에 나가서 자전거를 타고 싶었구나." 그 후에 아이가 납득할 수 있는 이유를 설명해주고 대안까지 덧붙이면 좋아요. "지금은 시간이 늦어서 못 타니까 내일 학교 마치면 공원에 가자"라고 수긍할 수 있는 이유를 말해주세요. 아이의 감정과 선택은 인정하고 지지해주되 현명한 선택을 할 수 있도록 도와주어야 해요.

스스로 선택한 일을 할 때 아이의 눈은 빛이 납니다. 생기가 넘치고 시간 가는 줄 모르고 빠져들어요. 하고 싶은 일을 할 때 마음가짐은 확연히 다릅니다. 아이의 선택권을 존중해주세요. 돌아간다고 하더라도, 시간이 오래 걸려도 믿고 기다려주세요. 스스로 선택하기 위해서는 끊임없이 생각하고 비교하고 판단해야 합니다. 그때 인간의 뇌는 전두엽을 사용해요. 전두엽을 활성화해 이성적으로 사고하게 됩니다. 선택하기는 아이의 자존감만을 키워주는 것이 아니라 뇌도 건강하게 해줍니다. 아이가 칭찬받기 위해, 혼나지 않기 위해 자신이 하고 싶은 일을 단념해선 안 됩니다. 자신을 위한 선택을 해서 꿋꿋하게 자신의 길을 걸어가게 해주세요.

실천 TIP 이제는 이렇게 해보세요!

- 어릴 때부터 아이가 사소한 것을 선택할 수 있는 경험을 하도록 해주세요.
- 선택에는 아이 나름의 이유가 있어요. 아이의 선택을 존중해주세요.
- 비록 아이의 선택이 마음에 들지 않더라도 믿고 기다려주세요. 엄마가 기다려주는 만큼 아이는 성장하고 배우게 됩니다.

3

자기 결정성 이론:
스스로 판단하고 결정하는 아이의 힘

자립심이란 남에게 예속되거나 의지하지 않고 자기 스스로 서려는 마음가짐입니다. 아이가 흔들리지 않고 단단히 뿌리를 내리고 혼자 서기 위해선 연습이 필요합니다. 엄마는 아이의 발달 단계와 나이에 적절한 판단과 결정을 할 수 있는 환경을 제공해야 해요. 아이가 자신의 삶에 영향력을 끼칠 수 있음을 직접 느낄 때 유능감이 생기고 자존감이 높아집니다. 엄마가 아이의 판단과 결정에 따른 결과를 예측하고 사전에 차단한다면 어떻게 될까요? 아이는 스스로를 무능한 존재로 여기고 무력감을 느끼게 됩니다. 아이가 스스로 생각하고 판단하고 직접 경험할 때 책임감을 배울 수 있고 자립심도 자라납니다.

인간은 자율적으로 결정하고자 하는 욕구를 가지고 태어난다

에드워드 데시Edward Deci와 리처드 라이언Richard Ryan의 자기 결정성self-determination 이론에 의하면, 인간은 외부의 간섭 없이 스스로 결정한 일에 동기부여가 되고 탁월한 능력을 발휘한다고 합니다. 자신의 행동을 스스로 결정했을 때 어떤 일이든 하고자 하는 의욕이 생겨요. 이는 학습, 성장에도 긍정적인 영향을 미칩니다.

자기 결정성을 높이기 위해서는 세 가지 욕구를 충족시켜야 하는데 자율성 욕구, 유능감 욕구, 관계성 욕구입니다.

첫 번째, 자율성 욕구는 외부의 지시나 보상보다는 자신이 원하는 목표를 이뤄나가려는 바람입니다. 어른이 되어서도 남이 시킨 일은 하기 싫어요. 의미와 목적이 자신에게 없기 때문이죠. 스스로 원해서 결정할 때 능률이 오르고 더 큰 힘을 발휘할 수 있습니다.

구글에서는 자율성 정책으로 근무시간의 20퍼센트를 자유롭게 쓸 수 있는 프로젝트를 시행하고 있어요. 이 시간만큼은 낮잠, 산책 등 하고 싶은 것을 하며 자유롭게 보낼 수 있어요. 통제는 낮추고 자유를 보장하니 직원들이 자율적으로 회사에 기여하게 됩니다.

아이들에게도 공부를 강요하기보다는 스스로 목표를 정하고 이를 실행해나갈 수 있는 자율적인 학습 환경을 제공해주어야 해요.

두 번째, 유능감 욕구는 자신이 능력 있는 존재이기를 바라고 이를 인정받고 싶어 하는 마음입니다. 이를 위해선 성공적인 과제 수행의 경험이 필요해요. 무엇보다 아이가 성공할 수 있는 과제를 제시하는 것이 중요합니다.

아이가 흥미를 보일 만한 도전적인 과제를 제시하되 해낼 수 있는 난이도의 과제여야 합니다. 여기서 과제는 단순히 학습 과제, 숙제를 말하는 것이 아닙니다. 혼자 등교 준비하기, 마트에서 심부름하기 등 일상적인 과제도 포함됩니다. 과제 제시에서 그치는 것이 아니라 아이의 행동에 대해 구체적이고 긍정적인 피드백을 제공해야 해요. 아이가 자기 능력을 확인하고 인정받는 과정이 꼭 필요합니다.

마지막으로, 관계성 욕구는 다른 사람과 친밀한 관계를 맺고 싶은 마음입니다. 사람이라면 누구나 주변 사람과 긍정적이고 안정적인 관계를 맺고자 합니다. 가족, 또래 친구, 선생님 등 자신에게 중요한 사람들과 좋은 관계를 유지하면 자신의 가치를 내면화하게 됩니다.

엄마는 아이의 있는 모습 그대로를 인정하고 존중하며 아이의 좋은 모습을 더 강조해야 해요. 안정된 관계 속에서 아이는 스스로를 긍정적으로 평가하게 됩니다. 이때 타인에게 흔들리지 않고 마음에서 우러나 자신을 위한 결정을 내릴 수 있습니다.

아이에게 결정권을 부여하자

2학년 담임을 할 때 만난 선형이는 아침마다 지각을 했어요. 8시 30분까지 등교인데 9시가 다 되어 교실에 들어온 선형이는 1교시부터 졸기도 했습니다. 초등학생의 경우 수업 시간에 조는 아이가 거의 없어요. 특히나 저학년 아이들은 활동과 놀이가 많은 수업에 눈을 반짝이며 참여해요. 또래 아이들과 확연히 다른 선형이의 모습을 보고 어머니께 수면 습관을 확인해보았더니, 선형이는 학습 만화책에 흠뻑 빠져 있었어요. 자야 할 시간에도 책을 보겠다고 고집을 부려 책을 강제로 빼앗고 억지로 취침을 강요했지만 소용이 없었어요. 자는 척하던 선형이는 엄마가 잠이 들면 다시 일어나 책을 읽다 잠들곤 했습니다. 그러다 보니 늘 잠이 부족하고 학교생활에도 지장이 생겼어요.

잠들기 싫어하는 아이를 억지로 침대에 눕히고 취침을 강요한다고 해서 아이가 편안히 잠들 수 있을까요? 하고 싶은 것을 못 해서 속상하고 자기 싫은데 자야 하니 화가 납니다. 졸리지 않은 아이를 억지로 재우려는 것은 아이의 감정을 무시하는 강요가 될 수 있습니다. 이럴 때는 아이가 잠드는 시간을 스스로 정할 수 있도록 하는 것이 좋습니다. 아이에게 어느 정도 결정권을 주세요. 취침 시간은 아이가 정하되 잠잘 준비를 하는 시간은 엄마가 정한 시간을 따르도록 하면 됩니다.

아이가 아직 자고 싶지 않다고 한다면 “졸리지 않다면 꼭 지금 자야 하는 건 아니야. 지금은 내일을 위해 잠들 준비를 하도록 하자. 침대에 누워서 하고 싶은 것을 하다가 졸리면 그때 잠을 자면 돼”라고 말해주세요. 스마트폰이나 TV는 수면에 방해가 되니 금지합니다. 그림 그리기나 책 읽기 등 하고 싶은 것을 정해서 하도록 해주세요. 아이가 정한 시간보다 늦게 잠들 수도 있어요. 하지만 엄마와 실랑이할 때보다 훨씬 편안한 마음으로 아이는 잠을 청할 수 있습니다.

처음에는 아이가 잠잘 시간을 정할 결정권이 생겼으니 엄마가 생각한 시간보다 늦게 잘 수도 있어요. 이런 수면 시간이 반복되다 보면 아침에 일어나기가 힘듭니다. 학교생활에도 지장을 주고 하루 내내 피곤합니다. 이때 아이는 늦게 자면 다음 날 피곤함을 느껴 힘들다는 것을 알게 됩니다. 결과를 몸소 경험한 아이는 적절한 취침 시간으로 바꿀 것입니다. 아이는 생활 속에서 자신이 선택한 결정에는 책임이 따른다는 것을 깨닫게 돼요. 더 나은 결과를 얻기 위해 옳은 판단을 하는 방법을 배우게 됩니다. 스스로 자신의 생활을 관리할 줄 아는 자립심이 생기는 거죠.

작은 일이라도 아이와 관련 있는 일이라면 기회가 있을 때마다 스스로 결정하도록 해주세요. 이러한 경험이 쌓이면 아이의 자립심과 독립심의 단단한 기둥이 됩니다. 실수하고 때론 실패할 수도 있습니다. 아이는 실패를 통해 교훈을 얻게 됩니다. 더 나은 판단을 하는 방법을 배우는 귀중한 경험을 하게 되는 거죠. 자신의 판단이 결과에 영향을 준다는 사실을 깨달을 때 아이는 자신을 중요한 존재로 인식합니다. 엄마는 아이가 자신의 문제를 자각할 수 있도록 언급해주는 역할만으로 충분해요. 아이는 스스로 결정하고자 하며 또한 그 능력도 가지고 태어납니다. 어떻게 살아갈지는 아이가 스스로 결정할 수 있도록 격려하고 지지해주세요.

실천 TIP 이제는 이렇게 해보세요!

- 아이가 성공할 수 있는 과제를 제시해주세요.
- 아이를 있는 그대로 인정하고 아이의 좋은 모습을 더욱 부각해주세요.
- 아이가 스스로 하려는 마음을 칭찬하고 기다려주세요.
- 아이와 관련된 일은 아이가 결정할 수 있도록 기회를 주세요.

4

경청하는 부모가 마음이 단단한 아이를 만든다

학부모 상담 주간이 되면 아이가 학교에서의 일을 잘 얘기하지 않는다며 불만을 토로하는 학부모님이 많습니다. 특히 남자아이들이 이런 경우가 많아요. 엄마가 꼬치꼬치 물어야 짧게 대답할 뿐 엄마의 궁금증은 해소되지 않습니다. 1~2학년일 때는 미주알고주알 다 이야기하던 아이였는데 점점 말수가 줄어들어요. 엄마는 아이의 일거수일투족을 알고 싶어 합니다. 누구와 놀았는지, 학교생활은 즐거운지 엄마가 궁금한 것은 당연합니다. 하지만 캐묻기 위한 질문과 대화는 달라요.

아이와 대화하기 위해선 감시하는 듯한 질문만 던져선 안 됩니다. 아이가 자신의 이야기를 터놓을 수 있는 환경을 조성하고 마음의 여유를 가지고 대화를 해야 해요.

아이가 신나서 말하고 싶은 환경을 만들어라

4학년 미희는 학교에서 말을 거의 하지 않는 아이입니다. 1년이 지나도록 이야기를 나눈 시간이 10분도 채 되지 않을 정도였어요. 아주 친한 친구 한두 명과 이야기하는 게 다였습니다. "미희 목소리 듣는 게 선생님 소원이야"라고 할 정도였습니다. 아이가 마음 열기를 기다렸지만, 학년이 끝나도록 묵묵부답이었습니다. 어머니와 상담해보니 집에서도 간단한 질문에만 대답하고 이야기는 거의 하지 않는다고 했습니다. 소극적인 아이, 말을 하지 않는 아이, 자기표현을 하지 않는 아이. 어떻게 하면 좋을까요?

비상교육은 2021년 5월 학부모를 대상으로 하루 평균 자녀와의 대화 시간에 대해 설문 조사를 실시하였습니다. 결과에 따르면 열 명 가운데 여섯 명 이상의 학부모가 하루 평균 한 시간 미만의 대화 시간을 가진다고 합니다. 대화 주제는 아이의 학교생활과 교우 관계에 대한 것이 대부분이에요. "숙제했어?" "학원 다녀왔니?" "밥 먹었어?"와 같은 일상 대화만으로는 아이의 생각을 알기 어렵습니다. 아이들은 부모님과 대화를 나누며 가치관을 정립하고 자아를 찾아갑니다. 중요한 사람과의 대화를 통해 자신을 소중하고 중요한 존재로 인식해요. 대화할 때는 양보다 질이 중요합니다.

대화할 때 중요한 것은 아이와 눈을 맞추고 이야기를 나누는 것입니다. 단 10분이라도 아이와 눈을 맞추고 고개를 끄덕이며 집중해야 해요. '나는 너의 이야기가 진심으로 궁금하고 온 마음으로 듣고 있어'라는 마음을 느낄 수 있도록 말이에요. 식사 준비, 청소 등 집안일을 하며 나누는 대화는 바람직하지 못합니다. 눈을 보고 대화를 하는 것이 아니기 때문에 아이의 표정을 살필 수 없어요. 아이의 감정까지 살펴야 아이가 하는 말의 속뜻까지 알아차릴 수 있습니다. 무엇보다 다른 일을 하며 대화하면 아이가 존중받는 느낌을 받기 어려워요. 짧은 시간이라도 괜찮아요. 관심과 사랑을 느낄 수 있도록 얼굴을 마주 보고 대화를 나누세요.

아이가 대화에 소극적이라면 엄마가 아이에게 건네는 말을 살펴보아야 해요. 일방적인 지시나 엄마의 말만 했던 것은 아닌지 돌아봐야 합니다. "오늘 숙제 뭐야?" "급식은 남기지 않고 다 먹었니?"와 같은 질문은 아이를 감시하는 듯한 느낌을 줍니다. "오늘은 어떤 일이 재밌었니?" "수업 마치고 어떻게 보냈어?"처럼 아이가 자신의 이야기를 할 수 있는 열린 질문이 좋아요. "친구와 또 싸웠니?" "숙제 왜 안 했어?"와 같은 부정적인 질문도 아이와의 대화를 단절시킵니다. 대화는 일방통행이 아니라 양방향입니다. 아이가 자신의 이야기를 하고 싶도록 만들어야 해요. 진심이 담긴 대화가 오갈 때 아이는 자신이 중요한 존재임을 느끼게 됩니다.

대화의 꽃, 경청

수업할 때 가장 곤혹스러운 점은 아이들의 '말 끼어들기'입니다. 매 수업 시간 가장 많이 하는 말이 "선생님 말을 끝까지 듣고 질문하세요"일 정도예요. 아이들은 말을 끝까지 듣는 것을 어려워합니다. 자신이 말하고 싶은 마음이 앞섭니다. 어른들도 상대방의 말을 끝까지 듣는 것을 어려워하는데 아이들은 오죽할까요? 아이들은 집중력도 짧습니다. 설명했던 것을 또 설명해야 해요. 조금 전에 다른 아이가 물은 것을 또다시 물어봅니다. 이러한 현상은 해가 갈수록 더욱 심해져요. 어떤 때는 활동 설명만 하다가 활동을 시작도 못 하고 수업을 마친 적도 있습니다. 의사소통에서 가장 기본은 듣기입니다. 듣기 태도, 경청의 태도가 갖추어져 있지 않은 아이들이 태반이에요.

경청을 배우기 위해서는 먼저 아이가 경청을 경험해야 해요. 아이는 보고 싶은 것만 보고 듣고 싶은 것만 듣는 성향이 강합니다. 집중력이 짧아요. 아이의 이런 성향을 이해하고 어릴 때부터 꾸준히 듣는 연습을 시켜야 합니다. 수동적인 듣기에만 머무르면 안 됩니다. 적극적으로 상대가 전하는 뜻을 이해하고 감정을 읽을 수 있는 경청을 익혀야 해요. 그러려면 엄마가 먼저 경청의 모범을 보여주어야 합니다. 아이의 마음을 읽어주고 생각을 들여다보기 위해 노력해야 해요. 엄마 입장이 아니라 아이의 눈높이에서 생각하려는 노력이 필요합니다.

처음에는 아이의 말을 끊지 않고 듣는 것부터 시작하는 것이 좋습니다. 중간중간 아이의 말에 "진짜?" "그랬구나" 하는 맞장구를 곁들여주세요. 아이는 더 신이 나 이야기를 하게 됩니다. 아이가 다소 거친 말을 하거나 도덕적으로 어긋난다고 하더라도 진지한 태도로 들어주는 것이 바람직합니다. 아이의 말이 끝난 이후에 옳지 못한 언행에 관해 이야기를 나누어도 늦지 않아요. 대화 끝에는 아이의 마음을 읽어주는 표현을 덧붙여준다면 더욱 좋습니다. "우리 윤정이가 아주 속상했겠구나" "화가 많이 났겠구나" 등의 표현으로 아이의 마음을 대신 읽어주어야 해요. 엄마의 경청을 통해 아이는 부정적인 감정까지도 훌훌 털어버릴 수 있습니다.

엄마가 아이의 말을 온전히 들어주면 아이는 존재 자체가 받아들여지는 경험을 하게 됩니다. 자신이 존중받고 있다는 느낌을 받고 스스로 소중한 존재라고 느끼게 돼요. 경청은 의사소통의 시작입니다. 경청을 통해 자신이 받아들여짐을 느낀 아이는 자연스럽게 경청을 익히게 됩니다. 엄마가 자신의 마음을 읽어주고 대신 표현해준다면 감정의 응어리도 씻겨 내려가게 돼요. 경청을 통해 자신이 이해받고 있다는 것을 느꼈으므로 아이도 상대방의 입장에서 생각하려 노력합니다. 이러한 대화법은 원만한 인간관계를 형성하는 데 밑거름이 되며 아이의 자립심을 싹 틔워줍니다.

사춘기 아이와 대화하는 법

6학년인 고운이는 친구를 목숨처럼 생각했어요. 친구라면 자다가도 벌떡 일어날 정도였습니다. 주말에는 친구들과 놀러 다니기 바쁘고 집에 와서도 친구들과 연락하느라 종일 휴대폰만 들고 있었어요. 저녁을 먹고 나면 방에 들어가 친구와 영상 통화를 몇 시간이나 해요. 어머니는 걱정이 앞서 친구들과의 약속에 못 나가게 하거나 휴대폰을 뺏기도 했다고 합니다. 고운이는 그때마다 짜증을 심하게 내고 무섭게 대들었습니다. 밥을 안 먹겠다고 단식 투쟁을 하기도 했어요. 이런 상황이 반복되다 보니 고운이와 제대로 된 대화를 나누는 시간은 하루에 30분도 채 되지 않았습니다. 점점 아이에 대해 모르는 것이 많아진다는 사실에 어머니는 불안해했습니다. 사춘기에 접어든 아이와 어떻게 대화를 하면 좋을까요?

아이들의 사춘기가 빨라졌습니다. 소위 말하는 '중2병'이 초등학교 고학년까지 내려왔습니다. 고학년이 되면 부모님보다 친구 관계를 더욱 중요시해요. 아이들의 상담 대부분은 교우 문제입니다. 관계를 중요시하는 여자아이들은 친구들로 인해 받는 스트레스가 크고 여기에 민감하게 반응해요. 청소년기 자녀가 또래 관계를 더 중요시하는 것은 자연스러운 현상입니다. 가족에서 확장된 사회관계 속에서 친밀감과 소속감의 욕구가 더욱 커졌기 때문입니다. 아이들은 또래 관계 속에서 안정감을 느끼고자 해요. 문제는 아이들과 엄마의 소통 부재입니다. 사춘기 아이들은 엄마에게서 벗어나고자 하며 때론 반항적인 태도를 보이기도 해요.

사춘기에 접어든 아이들과 대화를 나누기 위해선 첫째, 관심사를 먼저 살펴보아야 합니다. 자녀의 눈높이에 맞춰 시선을 낮춰야 해요. 아이가 요즘 관심 있어 하는 것이 무엇인지, 자주 하는 것은 무엇인지를 알기 위해선 관찰을 해야 합니다. 감시와 관찰은 다릅니다. 관찰은 관심을 두고 지켜보는 것입니다. 아이가 좋아하는 연예인이나 게임 등으로 시작하면 좋아요. 관심사를 파악하여 대화의 물꼬를 트면 아이의 마음도 조금씩 열립니다. 둘째, 잔소리를 줄여야 합니다. 고학년이 되면 스스로 생각하여 판단할 수 있습니다. 엄마가 잔소리한다고 여기면 아이들은 마음의 문도 함께 닫아버립니다. 엄마의 말은 줄이면 줄일수록 좋아요.

사춘기 자녀를 바라보는 엄마의 마음도 불안하겠지만 아이 역시 불안하기는 마찬가지입니다. 자아 개념을 확립해가는 과정이라 자신에 대한 확신이 부족해요. 이때 엄마가 아이에게 따뜻한 위로의 말을 건넨다면 아이는 마음이 놓입니다. "엄마는 언제나 네 편이야." "실수해도 괜찮아. 배우는 과정에서는 누구나 실패하면서 성장하는 거야." 비난보다는 아이의 마음을 다독여주는 말을 한다면 흔들리던 마음이 평온해집니다. 아이는 엄마를 통해 자신을 이해하고 인식합니다. 아이를 면밀히 살피고 아이의 입장에서 대화를 나누는 엄마에게서 자란 아이는 자존감이 높을 수밖에 없어요.

아이와의 대화는 하루아침에 이루어지지 않아요. 엄마와의 대화가 즐거울 수 있도록 허용적인 분위기를 먼저 조성해야 합니다. 일이 바쁘다고, 집안일이 쌓였다고 조잘대는 아이의 눈을 외면해서는 안 됩니다. 아무리 엄마라 해도 아이의 생각을 마음대로 재단해선 안 됩니다. 아이에 관한 건 아이에게 물어보아야 해요. 아이가 어떤 생각을 하고 어떤 가치를 따르는지 아이와의 대화를 통해 파악해야 합니다. 아이와의 진솔한 소통은 아이의 바른 가치관 확립에 도움을 줍니다. 아이가 마음껏 자신을 세상에 내보일 수 있도록 엄마가 발판을 마련해주어야 해요.

실천 TIP 이제는 이렇게 해보세요!

- 아이와 대화를 할 때는 하던 일을 멈추고 눈을 맞춰주세요.
- 적극적인 경청을 할 때 아이는 자신이 받아들여짐을 경험합니다. 엄마가 먼저 경청을 해주세요.
- 사춘기 자녀의 관심사를 공략하고 말은 최대한 아끼세요.
- 따뜻한 마음으로 격려하고 아이가 마음껏 표현할 수 있는 허용적인 분위기를 만들어주세요.

5

엄마가 개입해야 할 때, 타이밍과 거리 조절이 핵심이다

아이를 믿지 못하는 엄마는 아이의 일거수일투족을 캐묻고 간섭합니다. 자신의 불안을 견디지 못해서입니다. 엄마가 해주는 것이 속 편하고 빠르거든요. 아이를 진정으로 위한다면 엄마의 불안을 해소하기 위한 개입은 멈추어야 합니다. 아이가 본인의 성장 속도에 맞추어 스스로 할 수 있도록 믿고 기다려주어야 해요.

개입의 사전적 의미를 찾아보면 '자신과 직접적인 관계가 없는 일에 끼어드는 것'이란 뜻입니다. 엄마와 아이는 세상에서 가장 가까운 사이이지만 엄밀히 따지면 타인입니다. 아이의 일은 아이가 스스로 할 수 있어야 해요. 아이를 믿는 엄마는 아이가 더디고 서투르더라도 기다려줍니다.

주도권을 아이에게 서서히 넘겨주어라

아이가 처음부터 잘하기는 어렵습니다. 아이가 태어나서부터 초등학교 입학 전까지는 엄마가 주도권을 잡고 적극적으로 도와주어야 합니다. 삶을 살아가는 데 꼭 필요한 습관과 태도를 길러주어야 해요. 하지만 아이의 발달 속도에 맞춰 주도권을 서서히 넘겨주어야 합니다. 초등학생 이후부터는 스스로 해나갈 수 있을 만큼 사리 분별력이 갖추어집니다. 이때는 최소한으로 개입하되 아이가 도움을 요청하거나 꼭 필요한 순간에 개입해야 합니다. 중요한 것은 불필요한 개입은 줄이되 개입이 꼭 필요한 순간을 구분하는 현명함입니다. 초등학교를 졸업한 이후는 엄마의 영향력이 현저히 낮아지므로 아이에게 주도권을 온전히 넘겨주는 것이 좋습니다.

유시민 작가는 《어떻게 살 것인가》에서 이렇게 말하였습니다. "행복은 삶에서 기쁨을 느끼고 자기 삶에 만족하여 마음이 흐뭇한 상태를 말한다. 우리는 언제 이런 행복을 느끼게 되는가? 스스로 설계한 삶을 자기가 옳다고 여기는 방식으로 살면서, 그것이 무엇이든 자신이 이루고자 하는 것을 성취했을 때 행복을 느낀다."

엄마는 자녀가 자신의 행복을 찾아나갈 수 있도록 지켜보고 격려하면서 필요할 때 적절한 도움을 주는 선에서 머물러야 합니다. 엄마는 아이가 자신의 방식으로 삶을 성취하고 행복을 누릴 수 있도록 믿고 기다리면서 힘껏 지지해주어야 합니다.

엄마와 아이의 과제를 분리하라

《엄마가 믿는 만큼 크는 아이》의 저자 기시미 이치로는 문제 행동에 대해 다음과 같이 정의하였습니다. "공동체(가족, 직장, 학교, 지역 등)에 실질적으로 피해를 입히는 행동." 아이가 다른 친구를 때리거나 욕을 했다면 피해를 주므로 문제 행동이 됩니다. 아이가 숙제를 하지 않거나 준비물을 챙기지 않는 것은 본인이 곤란한 상황이지 타인에게 피해를 주진 않습니다. 하지만 바른 행동이라고 할 수는 없어요. 공동체에 실질적인 피해를 입히진 않지만 적절하지 못한 행동을 저자는 '중성 행동'이라고 이름 붙였습니다. 그리고 "중성 행동은 본인의 의지를 존중해야 하므로 부탁하지도 않았는데 개입할 권리는 없으며 야단칠 필요도 없다"라고 하였습니다.

저자가 말한 중성 행동은 어떻게 다루면 좋을까요? 적절하지 못한 행동을 아이에게 맡기고 가만히 지켜봐도 괜찮을까요? 중성 행동에 대처하기 전에 먼저 과제 분리를 해야 합니다. 과제를 분리하기 위해선 누가 최종 결말의 영향을 받는지를 따져보아야 해요. 즉 어떤 일의 최종 책임자가 누구인가를 판단하면 누구의 과제인지 알 수 있습니다. 예를 들어, 아이가 숙제를 하지 않았다고 가정해볼 때 숙제는 누구의 과제인가요? 숙제를 하지 않아서 발생하는 결과는 아이에게 돌아갑니다. 숙제를 하지 않는 책임은 아이에게 있으므로 아이의 과제입니다. 이처럼 결과와 책임의 소재를 분명히 하면 누구의 과제인지 알 수 있습니다.

과제 분리를 한 후에는 아이의 과제임을 엄마가 명확히 알고 개입해선 안 됩니다. 개입하고 간섭하고 싶은 마음이 굴뚝같겠지만 참아야 해요. 숙제, 공부, 준비물 챙기기 등은 아이가 책임져야 하는 과제임을 알 수 있도록 해야 합니다. 엄마 입장에서 "수학 숙제가 있던데 언제 하는 것이 좋겠니?"라고 물어보거나 언급은 할 수 있습니다. 하지만 공부하기 싫은 아이를 억지로 책상에 앉혀둔다고 해서 열심히 공부할 마음이 생기진 않아요. 공부를 열심히 하든 하지 않든 결과는 아이가 책임져야 해요. 엄마는 묵묵히 아이가 스스로 공부할 때까지 지켜보아야 합니다.

엄마는 아이가 발표도 잘하고, 공부도 열심히 하길 바랍니다. 친구들과도 사이좋게 지내길 원해요. 숙제가 뭔지도 모르고, 말하지 않으면 준비물도 챙기지 않는 아이를 보면 엄마의 속은 타들어갑니다. 엄마 마음처럼 다 잘하면 좋겠지만 아이를 키우는 일은 그렇지 않습니다. 어린아이일 때는 엄마의 손길이 꼭 필요하지만 커갈수록 스스로 할 수 있는 일들이 많아져야 해요. 육아의 목표는 자립이라는 것을 잊지 말아야 합니다. 항상 이 일이 누구의 과제인지를 생각해야 해요. 아이의 과제라면 "스스로 생각해서 결정해보는 게 어떻겠니?"라며 아이가 스스로 하도록 기다리고 지켜보아야 합니다.

공동의 과제로 만들어 해결하자

공부를 곧잘 하고 학원도 열심히 다니던 미선이가 중학생이 되자 달라졌다며 어머니로부터 연락이 왔어요. 학원을 빼먹기 일쑤이고 학교 성적은 날이 갈수록 떨어져 어머니의 걱정이 깊어졌어요. 초등학생 때 "공부해라"라고 말하지 않아도 알아서 잘하던 미선이였어요. 사춘기를 겪느라 일시적으로 일탈했다고 생각했던 부모님은 미선이가 다시 예전처럼 돌아오리라 믿었습니다. 하지만 부모님의 믿음과는 다르게 미선이는 점점 친구들과 어울리는 시간이 늘어갔습니다. 귀가 시간이 늦어지고 공부는 아예 손 놓는 것처럼 보였어요. 중학교 학습이 고등학교, 대학 진학까지 영향을 미친다고 하는데, 엄마는 답답하기만 하였습니다.

아이의 과제는 아이가 책임져야 한다고 해서 엄마가 마냥 손 놓고 있으라는 것은 아닙니다. 미선이의 경우처럼 엄마의 도움이 필요한 경우는 '공동의 과제'로 만들 수 있어요. 엄마와 아이 중 한쪽이 도움을 요청하거나 필요할 때 공동의 과제로 할 것을 요청할 수 있습니다. 양쪽이 모두 수락할 경우 '공동의 과제'가 되는 거죠. 미선이의 경우에는 "요즘 미선이의 성적이 예전에 비해 많이 떨어져서 걱정이 되는구나. 예전보다 공부에 대해 흥미를 잃은 것 같아. 무슨 일이 있는 건 아닌지 궁금해. 이에 대해 같이 이야기를 해보는 거 괜찮니?"라며 요청을 하는 것이 좋습니다.

자신에 관한 것은 아이가 가장 잘 압니다. 아이들 역시 바른 방향으로 나아가고 싶은데 마음대로 되지 않을 때가 많아요. 이때 엄마가 관심을 가지고 따뜻한 말을 건넨다면 아이의 마음은 활짝 열립니다. 진심으로 걱정하는 마음이 전해지기 마련입니다. 혹여나 아이가 "제 일은 제가 알아서 할게요"라고 말한다고 해서 상처받을 필요는 없습니다. "언제든 괜찮으니 도움이 필요하면 꼭 말하렴"이라고 가능성을 열어두면 됩니다. 엄마가 과제를 분리하고 아이를 존중하는 마음을 가지고 도움을 주려 하는 것은 개입이 아니라 지원입니다. '다 너를 생각해서' '다 너 잘되라고' 하는 명분으로 아이의 모든 과제에 관여하는 것은 아이의 자립을 늦출 뿐입니다.

공동의 과제로 만들어 함께 이야기를 나누고 해결하는 것은 필요합니다. 이보다 더 좋은 것은 아이가 스스로 자신의 과제에 책임을 지고 도전할 수 있도록 지원하는 것입니다. 엄마의 개입이 지나칠 때 아이는 사사건건 간섭당하는 기분이 듭니다. 엄마가 대신 해주면 자신이 해야 할 일의 책임감을 느끼지 못하고 엄마에게 미루기 쉽습니다. 엄마와 자식 간에도 적당한 거리가 필요해요. 과제 분리를 해야 하는 가장 큰 이유는 협력의 관계를 형성하기 위해서입니다. 과제가 분리되어야 서로 돕고 지원받을 수 있습니다. 엄마는 아이가 도움을 요청한다면 언제나 도움을 줄 수 있는 적당한 거리를 유지해야 합니다.

사람이 어른이 되기까지는 약 20년 정도의 시간이 필요해요. 혼자서는 아무것도 할 수 없는 영유아 시기에는 엄마의 도움이 절대적입니다. 초등학생이 된 자녀를 어린아이처럼 대한다면 아이는 그 시기에 알맞은 발달을 할 수 없어요. 아이가 자라남에 따라 엄마는 더 해주려 애쓰기보다는 더 해주고 싶은 마음을 참아야 합니다. 10대 이후부터는 묵묵히 지켜보고 인내심을 길러야 해요. 아이가 커감을 직면해야 합니다. 아이의 성장과 엄마의 개입은 반비례해야 합니다. "혼자서 해봐. 너는 충분히 스스로 할 수 있는 능력이 있어." 엄마가 해주던 일의 주도권을 아이에게 서서히 넘겨준다면 아이에게는 자신을 믿고 자신의 길을 잘 헤쳐나갈 힘이 생깁니다.

실천 TIP 이제는 이렇게 해보세요!

- 아이의 성장과 발달에 맞게 스스로 할 수 있도록 도움을 서서히 줄여주세요.
- 초등학교 입학부터는 개입을 최소화하되 도움을 요청할 때 도움을 주세요.
- 책임의 소재에 따라 과제를 분리하세요. 아이의 과제는 스스로 책임지도록 해주세요.

6

아이가 스스로 경험하도록 믿고 기다려주는 엄마

학습심리학자 마틴 코빙턴Martin Covington은 '자기 가치 이론'에서 인간은 누구나 자기 자신을 유능한 존재로 인식하길 원하고, 자기 가치를 보호하려는 욕구가 있으며 이러한 욕구가 인간의 행동을 결정한다고 하였습니다. 자기 가치는 자신의 가치에 대한 평가이며 자기 존중감으로 이어집니다. 사람은 언제 자신을 유능한 존재로 인식할까요? 어떤 문제나 일에 직접 부딪혀 시행착오를 겪으며 배울 때입니다. 끈기 있게 노력하는 자신을 마주할 때입니다. 고군분투하며 자기 능력으로 성공했을 때 유능감을 느끼고 자신을 가치 있는 존재로 여겨요. 자존감이 단단해지고 또 다른 도전을 시작하는 용기가 생깁니다.

엄마가 인내하는 만큼 아이들의 자립심이 커진다

4학년 담임을 할 때 만난 애리는 하고 싶은 것이 많고 다방면에 재능을 보이는 아이였어요. 성격이 활발하고 긍정적이며 매사에 의욕이 높았습니다. 쉬는 시간이 되면 애리와 놀고 싶어 하는 친구들로 주변이 북적였어요. 학업 성취가 높았을 뿐만 아니라 각종 문예 대회에서도 상을 휩쓸었습니다. 자존감 높은 아이, 자기 주도적인 아이. 애리를 떠올리면 가장 먼저 떠오르는 수식어였습니다. 학부모 상담 주간에 어머니만의 육아 비법이 무엇인지 여쭈어 보았습니다. 어머니께서는 "제가 딱히 한 건 없어요. 애리가 하고 싶다고 하면 전적으로 지원하고 격려해주었어요. 스스로 해보도록 믿고 지켜본 게 다인걸요."

애리 어머니께서는 공부를 위해 학원을 많이 보내거나 과외를 시키지 않았다고 합니다. 맞벌이 가정으로 아이를 살뜰히 챙길 여력이 되지 않았거든요. 애리가 커갈수록 혼자서 자기 일을 하도록 믿고 맡겼다고 합니다. 처음에는 준비물을 챙기거나 옷을 입는 것 등 혼자 하는 것이 서툴고 시간이 오래 걸렸어요. 숙제를 깜박하고 가면 아침에 등교해서 하거나 남아서 하고 오기도 했어요. 어머니는 "너의 일은 네가 스스로 할 수 있어야 해. 대신 도움이 필요할 땐 언제든 말하렴"이라고 할 뿐 채근하거나 지시하지 않았습니다. 한 해 한 해 커갈수록 애리는 자신의 일을 계획하기 시작했고 생활 습관뿐만 아니라 학습 태도도 좋아졌습니다.

엄마가 아이보다 한발 앞서 챙겨주고 지시하면 아이는 스스로 계획하고 목표 세우는 것을 멈춥니다. 필요성을 느끼지 못하기 때문이에요. 정리를 잘하지 못하는 아이가 있다고 가정해보겠습니다. 엄마가 어질러진 방을 볼 때마다 “정리해!”를 입에 달고 산다면 정리하고 싶은 마음이 들까요? 아이가 치우기도 전에 엄마가 먼저 정리해버린다면 아이는 무엇을 깨닫고 배울 수 있을까요? 아이는 일상 속에서 직접 부딪히고 경험할 때 체득하고 배우게 됩니다. 엄마가 한발 늦을수록 아이가 먼저 생각하고 움직입니다.

엄마는 직접 해주기보다는 아이가 스스로 경험하고 이를 바탕으로 배울 수 있도록 이끌어주어야 해요. 아이를 믿어주고 기다리기만 해도 아이는 스스로 자랍니다. 엄마가 믿는 만큼 성장하게 됩니다. 믿을 구석이 있어서 믿는 것이 아니라 무조건 믿어야 합니다. 엄마가 나를 믿고 기다려준다는 확신을 가질 때 아이는 새로운 것에 도전할 용기를 가질 수 있어요. 초등 학령기는 어떤 것이든 스스로 해보는 경험을 쌓는 시기입니다. 답답함과 불안을 이기지 못하는 엄마 아래서는 자기 유능감과 자립심을 키우기 어렵습니다. 엄마는 곁에서 격려해주는 역할만으로 충분해요. “너는 혼자서도 충분히 할 수 있어.” 아이가 잘하지 않더라도 다독여주는 엄마가 필요합니다. 엄마가 내려놓을수록 아이는 더 많은 것을 배우게 됩니다.

아이들은 시행착오를 겪으며 배운다

고학년 미술 시간이 되면 "꼭 해야 해요?" "안 하면 안 돼요?"라고 묻는 남자아이들이 많습니다. 수포자(수학을 포기한 사람)처럼 미포자(미술을 포기한 사람)가 생겨요. 마찬가지로 체육 시간이 되면 하기도 전에 지레 겁을 먹고 하지 않으려는 아이들이 있습니다. 잘하지 못하는 것을 강요한다고 해서 잘할 수 있는 것은 아닙니다. 하지만 해보기도 전에 포기해버리는 아이들을 보면 안타깝기만 합니다. 포기하는 아이들은 '나는 어차피 못하니까'라며 스스로 한계를 정하고 체념합니다. 초등교육에서는 완벽하게 하는 것보다, 잘하지 못해도 최선을 다하고 도전하는 과정이 중요합니다. 하지만 아이들은 잘해야 한다는 강박에 갇혀 쉽게 포기해버려요.

미술, 수학, 영어, 체육 등은 편차가 뚜렷하게 나타나는 과목입니다. 잘하지 못해도 묻고 배우려는 아이들이 있습니다. 반면 일찌감치 포기하고 단념하는 아이들이 있어요. 1년 후, 5년 후, 10년 후 어떤 아이가 더 큰 발전과 성장을 할까요? 실패하고 실수하며 끊임없이 배우고 도전한 아이들입니다. 아이의 자제력과 자기 조절 능력은 만 3세부터 형성되기 시작해 만 7세쯤 자리 잡게 됩니다. 이 시기에는 스스로 많은 것을 해보며 수많은 실수와 실패를 통해 성공하는 경험을 하는 것이 중요해요.

아이가 쉽게 좌절하고 포기한다면 엄마의 태도를 돌아봐야 합니다. 평소에는 아이에게 너그럽고 격려하던 엄마도 아이가 실수할 때 태도가 돌변하기도 해요. 아이가 실수를 무마하거나 다시 해보기도 전에 엄마가 먼저 간섭합니다. 실수나 실패를 겪지 않도록 사전에 개입하기도 하죠. 아이가 잘하지 못하고 실수를 하더라도 스스로 대처할 수 있도록 기다려야 합니다. 엄마가 아이의 실수를 만회하고 알아서 모든 것을 해주면 아이는 배움의 기회를 잃게 됩니다. 엄마가 나서서 수습해주니 다시 도전할 필요성을 느끼지 못합니다.

고진감래라는 말이 있듯이 원하는 것을 참았다가 얻게 되었을 때 훨씬 큰 행복감을 느낍니다. 힘들다고 포기하기보다는 끝까지 도전해서 스스로 쟁취한 경험이야말로 값진 것입니다. 처음부터 어려운 과제를 제시하기보다는 아이가 할 수 있는 것, 쉬운 것부터 함께 시작해보세요. 아이가 혼자서 해낸다면 "포기하지 않고 혼자서 하다니 대단한걸?"이라며 아이의 노력을 칭찬해주는 것이 좋습니다. 스스로 하는 것에 익숙해지면 조금씩 난이도를 높여 다음 단계로 넘어가면 됩니다. 아이에게 물고기를 잡아주지 말고 잡는 법을 알려주어야 해요. 아이는 시행착오를 겪으며 배웁니다. 그 과정에서 도움을 요청하는 법도 배우고 의사소통하는 법 또한 배우게 됩니다.

아이의 건강한 자립은 엄마의 단단한 믿음 위에 형성됩니다. 아이를 믿는 것만으로 아이의 자립심 형성의 절반은 해낸 것입니다.

잘할 때뿐만이 아니라 아이가 서툴고 실수를 할 때도 믿고 기다려 주는 태도가 필요해요. 아이는 자신만의 속도로 천천히 세상을 배우고 익힙니다. 옆집 아이, 형제들과 비교하지 말고 아이만의 속도와 방향에 집중해야 해요. 엄마가 아이를 바라보는 눈을 통해 아이는 자신의 이미지를 형성해갑니다. 엄마가 자신을 믿고 긍정적인 시선으로 바라보면 아이 역시 자신을 긍정적으로 바라봅니다. 아이가 자신을 마음껏 내보이기 위해선 잘하지 못해도 해보는 것만으로 충분하다는 것을 깨달아야 해요.

실천 TIP 이제는 이렇게 해보세요!

- 아이들이 직접 해볼 수 있도록 기회를 주세요. 아이들은 스스로 할 때 가장 많이 배우고 절로 신이 납니다.
- 아이가 조금 늦거나 서툴다고 해서 불안해하고 닦달하지 마세요. 때가 되면 아이들의 능력은 저절로 갖추어져요.
- 실수나 실패에 "괜찮아. 다시 하면 돼"라고 다독여주세요. 아이가 한 뼘 더 자라요.

7

스스로 하고 싶어서 하는 아이, 내적 동기의 힘

공자는 《논어》에서 "아는 것은 좋아하는 것만 못하고, 좋아하는 것은 즐겨 하는 것만 못하다. 아는 것은 단순히 배움으로 그치는 단계이다. 좋아하는 것은 배움에 흥미와 관심을 가지고 즐거워하는 단계이다. 즐기는 것은 그 배운 바를 직접 실천하면서 누리는 단계이다. 학문뿐 아니라 세상살이 모든 게 그렇다"라고 하였어요. 무슨 일을 하든 즐기며 하는 사람은 이길 수가 없다는 거죠. 우리 아이가 무엇을 하든 즐겁게 하길 바란 적이 있었을 겁니다. 아이가 이러한 내적 동기를 갖기 위해서는 엄마의 태도가 무엇보다 중요합니다.

내적 동기 vs 외적 동기

"엄마가 이번에 100점 맞으면 새 스마트폰 사주신다고 하셨어요." "아빠가 영어 학원 다니면 게임팩 사주시기로 하셨어요." 아이들은 부모님과의 거래를 자랑스럽게 말합니다. 시험을 잘 치면, 대회에서 상을 받으면, 학원에 다니면…. 아이들은 엄마가 내건 조건을 충족하면 원하는 것을 얻게 됩니다. 내가 잘하면 그에 걸맞은 보상을 받게 됩니다.

아이들은 어릴 때부터 이를 학습합니다. 엄마나 교사의 좋은 의도와는 다르게 변질되기도 해요. "이거 하면 뭐 줄 거예요?" "이거 안 하면 혼나요?" 아이들은 점차 무언가를 얻기 위해 또는 혼나지 않기 위해 행동하게 됩니다.

동기란 어떤 일이나 행동을 하게끔 하는 원동력이나 계기를 말합니다. 동기에는 크게 내적 동기와 외적 동기가 있습니다. 무엇인가를 얻기 위해 아이가 하는 행동은 주로 엄마가 아이에게 바라는 행동입니다. 외부로부터 얻는 보상이 있기에 행한 것이므로 이는 '외적 동기'에 해당해요.

반대로 외부의 보상이나 자극이 아닌 내면에서 우러나와 행동하는 것을 '내적 동기'라고 합니다. 내면에서 느끼는 성취감, 보람 등으로 인해 스스로 하고자 하는 것입니다. 내적 동기로 무엇인가를 한다면 그 자체에 만족을 느끼기 때문에 몰입하게 됩니다. 경험 자체로 보상이 됩니다.

동기에 관해 연구하는 교육심리학자들은 외적 동기는 한계를 가진다고 합니다. 외적 동기는 보상 자체에 관심을 두기 때문에 보상이 주어지면 곧 흥미를 잃어버립니다. 흥미를 이어나가기 위해서는 더 큰 자극의 보상이 필요해져요. 물질적인 보상이 주를 이루기 때문에 성취감이나 보람으로 이어지기 어렵습니다.

엄마는 보상 때문이라 하더라도 일단 시작하면 흥미가 생기지 않을까 기대합니다. 하지만 아이가 원해서 한 것이 아니기 때문에 외적 동기가 내적 동기로 전환하는 데에는 한계가 있어요. 단기적인 목표를 이루는 데에는 효과가 있을지 몰라도 장기적인 목표를 성취하기는 어렵습니다.

몰입 이론의 창시자인 헝가리 심리학자 미하이 칙센트미하이 Mihaly Csikszentmihalyi는 내적 동기의 중요성을 강조하였습니다. 내적 동기는 흥미와 즐거움을 느낄 때, 즉 몰입할 때 생겨납니다. 어떤 일이든 놀이처럼 즐겁게 한다면 동기부여 호르몬이라고 불리는 '도파민'이 형성됩니다. 뇌 활동이 활발해지고 전두엽이 활성화되어 학습 효과가 극대화됩니다.

그래서 내적 동기가 높은 아이는 도전적이고 지적 욕구가 높아요. 불안감이 낮아 새로운 환경에도 잘 적응하고 학업 성취도 또한 높은 경향을 보입니다.

내적 동기를 키우는 법

예일대학교 심리학 교수인 에이미 브제스니에프스키Amy Wrzesniewski와 배리 슈바르츠Barry Schwartz는 웨스트포인트 사관생도들을 대상으로 연구를 진행하였습니다. 생도 1만 명을 14년 동안 추적 조사해 동기 유발을 구분하고 분석하였습니다. 신입생 시절 "당신의 꿈은 무엇인가?"에 대한 답변을 '부모님이 원해서, 돈을 벌기 위해'와 같은 외적 동기와 '존경받는 장교가 되기 위해, 자기계발을 위해' 등의 내적 동기로 분류하였어요.

내적 동기가 강할수록 진급도 빨리 하고 오랜 기간 복무하는 경우가 많았습니다. 외적 동기를 중요시한 생도들은 진급도 느렸고 의무 복무 기한조차 다 채우지 못하는 경우가 생겼습니다. 내적 동기를 가진 이들은 자발적으로 임했기에 성취감은 물론 승진과 금전적 보상도 자연스레 얻게 되었죠.

내적 동기는 자연스럽게 생겨나는 것이 아닙니다. 그래서 아이가 스스로 찾도록 내버려두어선 안 됩니다. 좋은 부모와 유능한 교사의 도움이 있을 때 가능합니다. 시작은 간단해요. 아이가 자주 하는 말이 무엇인지, 어떤 것에 관심을 보이는지부터 관찰하면 됩니다. 말과 행동으로 호기심과 관심을 표현한다면 그것을 몰입의 신호로 생각하면 돼요. 아이가 무엇을 좋아하고 싫어하는지, 어떤 것을 중요하게 생각하는지 파악하는 것이 매우 중요합니다.

이렇듯 내적 동기는 아이 내면에서부터 시작됩니다.

이화여대 유아교육과 박은혜 교수는 "아이들이 하는 말 하나, 아이들이 짓는 표정 하나, 아이들이 가지고 노는 장난감 하나, 이런 것들을 놓치지 않고 끝없이 질문을 던져야 합니다. 그 질문을 던지는 과정에서 필요한 것은 '이 아이가 정말로 여기에 관심이 있나'입니다. 새롭게 자료 하나를 던져줬을 때 이것을 연결해서 좀 더 확장시키거나 깊이 있게 들어가는지, 또 다른 새로운 장면을 만들어내는가를 관찰하는 거죠"라고 했습니다. 재능은 한순간에 발견되는 것이 아니라 지속적으로 관찰하고 탐구하는 과정에서 발견됩니다.

관찰을 통해 아이의 관심사를 발견했다면 이를 꾸준히 유지하기 위해선 긍정과 칭찬이 필요합니다. 강요보다는 아이가 스스로 하고 싶게끔 격려하고 칭찬해주어야 해요. 엄마의 욕심이 아이의 욕구보다 앞서면 역효과가 납니다. 스스로 하고 싶어질 때까지 기다려야 해요. 내적 동기가 커진 아이들은 자발적으로 행동하고 변화하게 됩니다. 이때 엄마가 아이의 변화를 알아차리고 진심 어린 응원을 해준다면 아이의 내적 동기는 더욱 단단해집니다. 엄마가 사사건건 간섭하며 아이의 일정을 짜고 목표를 정해줄 필요가 없습니다. 엄마는 아이가 성취할 수 있도록 적절한 환경을 제공해주면 됩니다. 아이가 진정한 자신을 고민해보도록 도와주세요.

방탄소년단이 전 세계를 열광시킨 최고의 아이돌이 될 수 있었던 비결은 내적 동기에 의한 성장 에너지였습니다. 방시혁 프로듀서는 통제를 줄이되 자율성을 존중하며 내적 동기를 키워주려 노력하였습니다. 연습과 레슨 등 필요한 것은 적극적으로 지원해주되 제약은 최소화했어요. 이처럼 자율성을 부여하고 스스로 행동을 통제하는 기회를 제공해야 합니다. 아이가 공부 잘하기만을 바라지 말고 공부를 해야 하는 이유를 생각할 수 있도록 해야 해요. 목표와 목적을 스스로 세울 때 주변에서 말려도 악착같이 하기 마련입니다. 초등학교 시절만큼은 느긋하게 스스로 공부하는 이유를 찾을 수 있도록 따뜻한 관심을 가지고 지켜봐 주세요.

실천 TIP 이제는 이렇게 해보세요!

- 외적 동기는 지속성이 짧습니다. 아이의 내적 동기를 키워주기 위해 아이가 좋아하는 것, 흥미 있게 여기는 것, 의미 있게 생각하는 것을 관심 있게 관찰해보세요.
- 긍정과 격려가 내적 동기를 더욱더 강하게 만듭니다. 따뜻한 말로 아이의 마음을 보듬어주세요.
- 아이가 당연히 해야 하는 행동에는 보상하지 않는 것이 좋습니다. 단순한 지시가 오히려 효과적입니다. 아이가 밥을 잘 먹길 바라는 마음에 "밥 다 먹으면 아이스크림 줄게"라고 하는 것보다 "남기지 말고 다 먹어"라고 말하는 것이 더 바람직합니다.
- 시간이 지나면 싫증을 내는 물건보다는 공원으로 소풍 가기, 함께 요리하기, 같이 게임하기 등 엄마와 함께하는 시간이 더 큰 선물이 됩니다.

8

아이가 쌓아 올린 작은 성공 경험의 놀라운 기적

자존감을 향상하는 핵심으로 성공 경험을 꼽을 수 있습니다. 자존감은 크게 자기 가치와 자신감으로 이루어져요. 자기 가치란 자신을 다른 사람으로부터 사랑과 관심을 받을 만한 사람이라고 여기는 것입니다. 자신감은 내가 맡은 일을 잘 해낼 수 있다고 생각하는 믿음입니다.

성공 경험을 가질 때 아이는 자신에 대한 긍정적인 경험을 하게 됩니다. 작은 성공 경험이 쌓여 '나는 할 수 있다'라는 자기 긍정감을 형성합니다. 그렇게 성공 경험은 아이의 자존감을 단단하게 하고 다시 도전하게 하는 원동력이 됩니다.

자존감의 바탕, 자기 긍정감 높이기

미국의 심리학자 마틴 셀리그먼Martin Seligman과 그의 동료들은 동물 회피 연구를 통해 '학습된 무기력'이라는 개념을 발견하였습니다. 피할 수 없거나 극복할 수 없는 환경에 반복적으로 노출되면 이 경험으로 인해 실제로 자기 능력으로 피하거나 극복할 수 있음에도 불구하고 회피하거나 자포자기하는 것을 '학습된 무기력'이라고 합니다. 즉 여러 실패의 경험으로 인해 아무리 노력해도 결과를 바꿀 수 없다고 믿게 되는 것이죠. 스스로 해본 경험이 없거나 실패만 겪은 아이들은 '어차피 난 안 돼.' '해봤자 아무 소용없어'라고 여기며 포기하고 회피해버립니다.

교실에는 '학습된 무기력'을 가진 아이들이 생각보다 많습니다. 이 아이들은 학교에 와서 멍하니 앉아만 있다 갑니다. 무기력 그 자체예요. 의욕도 없고 생기도 없고 무엇을 하고 싶은지도 스스로 알지 못합니다. 학습 부진 누적으로 인해 현재 학년 학습은 따라가기 벅찹니다. 학습뿐만 아니라 교우 관계도 원만하지 않아요. 성공의 경험이 없으므로 자신이 무엇을 좋아하는지, 잘하는지 알지 못합니다. 무언가를 하기도 전에 포기하고 손 놓아버려요. 시키면 마지못해서 하지만 의욕적으로 참여한 아이와 성과물이 확연히 차이가 납니다. 학습된 무기력에 빠진 아이들은 과잉보호형 엄마나 방치에 가까운 방임형 엄마 아래에서 자란 경우가 많습니다.

아동학 전문가에 따르면 학령기 아이들에게는 '나는 열심히 해서 잘하고 싶어'라는 발달 욕구가 내재해 있다고 합니다. 매사 무기력한 아이들은 학령기 이전 긍정적인 경험이 결핍된 경우가 많습니다. 자존감의 기초공사에 해당하는 경험을 하지 못했기 때문이죠. 엄마에게서 정서적 안정감을 느끼지 못했거나 주도성을 엄마에게 빼앗긴 경우입니다. 여섯 살 이전에 자율성을 발휘해 스스로 성공한 경험이 부족하면 스스로 성취하고자 하는 욕구가 낮아집니다. 스스로 해본 적 없는 아이가 '나는 무엇이든 잘할 수 있다'는 자기 긍정감을 가지기는 어렵습니다.

지금 내 아이가 자존감이 낮고 무기력한 태도를 보인다면 주위 사람들의 노력이 필요합니다. 아이 스스로는 자존감을 높이기 어렵습니다. 자신을 긍정적으로 바라보고 신뢰하기 위해선 도움이 절대적으로 필요해요. 아이의 자존감을 높이고 도전 의식을 높이기 위해선 주변에서 먼저 아이를 긍정적으로 바라보아야 합니다. 아이의 현재 상태를 파악하고 아이가 할 수 있는 쉬운 것부터 시작하도록 도와주세요. 방 청소, 학습지 한 장 풀기 등 아주 사소한 것이어도 괜찮습니다. 아이가 잘 해낸다면 누구보다 기뻐하고 아이에게 잘 해냈다고 말해주세요. 하루에 한 번은 아이가 잘한 것을 찾아 칭찬해주세요. 아이가 자신을 긍정적으로 바라볼 때까지 꾸준한 관심과 정서적 지지가 필요해요.

자율적으로 선택하여 작은 성공의 경험 쌓기

6학년인 유영이는 학년에서도 손꼽히는 착한 아이였습니다. 친구의 부탁을 거절하는 법이 없고 누구에게나 친절했어요. 유영이는 동생이 둘 있었는데 동생들도 살뜰하게 챙겼습니다. 공부도 곧잘 하고 부모님의 말씀을 거역한 적 없는 순한 아이였어요. 그런데 유영이의 문제점은 선택의 순간에 드러나곤 했습니다. 유영이는 친구가 하자고 하거나 부모님이 시키는 것만 선택했어요. 자신의 의사보다는 다른 사람의 의견에 따라 본인의 일을 정하는 경우가 많았습니다. "잘 모르겠어요." "엄마에게 물어보고 할게요." "친구가 하자고 해서요." 이런 말을 입에 달고 지냈습니다.

유영이처럼 착하고 순한 아이라고 해서 자존감이 높은 건 아닙니다. 엄마로서는 키우기 편하고 손이 덜 가죠. 하지만 착할수록 아이의 자존감부터 잘 살펴야 합니다. 아이의 선택이나 결정에 '자기 존중'이 빠져 있는 건 아닌지 말이에요. 착하고 순종적인 아이들은 자기가 하고 싶은 것보다 엄마나 친구가 원하는 것을 우선시하기 쉽습니다. 강압적인 태도에 순응하거나 엄마가 원하는 모습을 보여줬을 때만 긍정적인 피드백을 받은 경우입니다. 그래서 자기 내면보다는 타인의 평가를 더 신뢰합니다. 그러니 엄마는 착한 아이라 안심할 것이 아니라 아이의 자존감부터 살펴야 합니다.

아이가 자존감을 높이고 건강한 자립을 하기 위해서는 어떻게 해야 할까요? 아이가 높고 단단한 자존감을 가지려면 사소하더라도 여러 성공 경험을 쌓아야 합니다. 어떤 일을 할 때 아이가 달성할 수 있는 작은 목표를 스스로 세우는 것이 중요해요. 엄마가 정해주는 목표가 아니라 아이가 정한 목표여야 합니다. 엄마는 현재 상황에서 성취하기 어려운 높은 목표일 때 수정하도록 도움을 줄 수는 있어요. 아이가 스스로 목표를 정하도록 하고 그것을 이뤘을 경우 아낌없이 인정해주어야 해요. 아이는 이때 성취감을 느낍니다. 목표나 과제는 사소한 것이어도 괜찮습니다. 할머니 생신 선물 스스로 준비하기, 일요일 점심은 스스로 챙겨 먹기 등 일상에서 쉽게 접할 수 있는 것이면 충분합니다.

아이에게 역할을 부여하는 것도 자기 긍정감을 높이는 데 도움이 됩니다. 역할은 필요성을 부여하는 것과 같아요. 아이들은 도움을 주고 싶어 해요. 도와주고 인정받을 때 자신이 의미 있는 존재임을 깨닫고 자신을 가치 있게 여깁니다. 가능한 범위 내에서 아이를 집안일에 참여시키고 심부름을 맡겨보세요. 현관 신발장 정리하기, 가까운 마트에서 간단한 장보기, 분리수거 하기 등 아이가 할 수 있는 범위 내에서 역할을 부여해주세요. 역할을 잘 수행한 아이에게는 단순히 "잘했어"라는 칭찬보다는 "도와줘서 고마워" "우리 딸이 없었으면 어쩔 뻔했어" 같은 감사의 표현을 하는 것이 좋습니다. 아이의 마음속에 뿌듯함과 함께 자기 긍정감이 싹트게 됩니다.

엄마의 현명한 피드백이 아이의 성공 경험을 좌우한다

4학년 재환이에게는 두 살 터울의 형이 있었어요. 형은 학급 회장을 놓친 적이 없고 6학년 때는 전교 회장을 할 정도로 친구들 사이에 신임이 두텁고 리더십도 있었어요. 영재라는 소리를 들을 정도로 공부를 잘했고 영어에도 두각을 드러내 각종 상을 휩쓸었습니다. 그런데 재환이는 축구를 잘하고 운동을 좋아하는 평범한 학생이었어요. 친구들과 잘 어울리고 밝은 성격이지만 공부할 때는 유독 자신 없는 모습을 보였습니다. 재환이라는 이름보다는 형의 동생으로 더 자주 불리곤 했습니다. 부모님도 형은 우수한데 재환이는 축구만 하려고 한다며 걱정 어린 고민을 털어놓았습니다. "형과 비교하면 저는 잘하는 게 하나도 없어요." 재환이의 말에 마음이 아팠습니다.

자립심 높은 아이로 키우기 위해서는 성공 경험 못지않게 현명한 피드백이 중요합니다. 아이를 형제자매나 다른 아이들과 비교하는 것은 금물입니다. 아이들은 저마다 고유의 재능을 가지고 있어요. 아이에게서 없는 것을 찾으면 엄마나 아이 모두 불행하게 됩니다. 아이들은 저마다의 속도와 방향으로 자랍니다. 엄마의 만족보다는 아이의 만족을 우선시해야 해요. 다른 사람과 아이를 비교하지 말고 아이의 과거와 달라진 점에 주목해주세요. 아이가 예전보다 나아진 모습을 보였다면 이를 알아차리고 말해주는 것이 좋아요. 아이는 자신의 발전을 스스로 알기 어렵기 때문에 엄마가 말해주면 자신의 성장을 깨닫고 기뻐합니다.

아이가 스스로 목표를 세우고 과제를 해나가는 데 항상 성공만 있을 수는 없습니다. 아이가 실패하거나 실수했을 때 부정적인 면보다는 긍정적인 면을 먼저 말해주세요. 그 후 함께 보완할 점을 찾고 다시 도전할 수 있도록 격려해주어야 합니다. "뭐 하나 제대로 할 줄 아는 게 없니?"와 같은 비난의 말을 한다면 아이는 위축되고 다시 도전할 용기를 잃게 됩니다. 공부를 했는데도 점수가 낮을 수 있어요. 그때는 "우리 아들이 공부해서 저번보다 분수 문제는 더 잘 풀었구나"라며 아이의 노력을 강조해주어야 합니다. 아이는 배우고 자라는 과정에 있어요. 노력을 칭찬할 때 아이는 더 긍정적으로 변화합니다.

엄마가 강압적으로 지시하고 권위를 내세우면 아이의 내면에는 반항심이 자랍니다. 지시하는 명령조보다는 아이에게 자율적인 선택권을 주고 소통해야 합니다. 아이가 안정감을 느끼도록 마음을 먼저 충분히 수용해야 해요. 잘하는 것은 당연히 여기고 못 하는 것에만 초점을 맞추면 자신의 좋은 점을 알지 못합니다. 아이가 못할 때만 반응하지 말고 잘할 때도 표현을 충분히 해주세요. "우리 딸이 청소를 깨끗하게 하니 기분이 상쾌하다." "우리 아들이 스스로 공부하니 엄마는 너무 믿음직하다." 엄마가 구체적이고 긍정적으로 반응하면 아이도 긍정적인 방향으로 바뀝니다.

칭찬을 듣거나 성공 경험을 할 때 뇌에서는 도파민이 분비되고 좋은 경험으로 저장됩니다. 우리의 뇌는 성공한 경험을 기억하고 다시 그 기억을 재생하려 합니다. 쾌감으로 기억된 성공 경험은 새로운 도전의 원동력이 됩니다. '행동 → 성공 → 새로운 도전'이 선순환되는 거죠. 이 과정을 겪으며 아이는 스스로 선택하고 행동하는 데 자신감을 얻습니다. 스스로 성공의 방향으로 나아가고자 노력하는 사고방식을 얻게 됩니다. 자존감이 단단해지고 자립심이 높아집니다. 아이의 있는 모습을 그대로 인정하고 작은 성공 경험을 많이 제공해주세요. 아이가 스스로 가치 있고 행복한 사람이라고 여기도록 도와주세요.

실천 TIP 이제는 이렇게 해보세요!

- 아이가 스스로 목표를 세울 수 있도록 도와주세요. 목표는 실현할 수 있고 아이의 현재 능력보다 한 단계 정도 어려운 수준이 적합합니다.
- 아이를 할 수 있는 범위 내에서 집안일에 참여시켜주세요. 빨래 널기, 반려동물 먹이 주기 등 혼자서 할 수 있는 일을 아이에게 맡겨주세요. 아이가 해낼 때 고맙다고 꼭 말해주세요.
- 다른 아이와 절대 비교하지 마세요. 형제자매, 옆집 아이, 아이의 친구 누구와도. 다만 아이의 과거와 현재를 비교하고 더 성장한 모습을 아이에게 말해주세요. "이만큼 자랐구나!"
- 아이의 능력보다는 노력에 초점을 맞추어 칭찬해주세요. 더 잘하려는 마음이 자란답니다.

3장

자기 주도적인 아이들의 두 번째 조건: 엄마의 내려놓는 용기만큼

1

엄마가 아이의 실패를 넉넉히 받아줄 때, 아이는 성장한다

고등학생 때부터 오래도록 가슴속에 품고 있는 글귀가 있습니다. 어려움이 닥칠 때마다 곱씹는 말이기도 합니다. 《영혼을 위한 닭고기 수프》 중 "실패란 없으며, 오직 교훈이 있을 뿐이다. 성장은 고난과 실수에서 찾아온다. 실험과 시도가 곧 성장을 가져다준다. 실패한 시도는 성공한 시도와 마찬가지로 똑같은 성장이라는 열매를 가져다준다"라는 구절이에요. 어떤 경험에서도 실패란 없음을 깨닫게 해준 문장이었습니다. 더 나은 것을 위한 시도이며 성공으로 나아가는 과정임을 알게 해주었습니다. 모의고사 점수가 떨어져도, 임용고시로 고군분투할 때도 이것이 배움의 과정이라 생각하니 한결 마음이 가벼워졌습니다.

우리 아이들에게도 마음의 짐을 덜어주고 삶을 즐길 수 있도록 엄마가 먼저 실패를 긍정적으로 바라봐 주세요.

실패를 딛고 성공한 사람들

마이클 조던은 2006년 모 스포츠 브랜드 광고에서 "선수 생활을 통틀어 9000개 이상의 슛을 놓쳤고, 약 300경기에서 패배했으며, 승부를 결정짓는 26번의 슛에 실패했다. 나는 수많은 실패를 거듭했다. 그것이 내가 성공한 이유이다"라고 말했습니다. 불우한 가정 환경과 역경을 딛고 일어서 20세기 여성 패션의 혁신가라 불리는 가브리엘 샤넬은 "성공은 실패하기를 두려워하지 않는 인간들이 성취하며 누릴 수 있는 특권이다"라며 실패를 두려워하지 않는 태도를 강조하였어요.

애플을 설립한 스티브 잡스는 자신이 세운 회사에서 쫓겨난 적이 있습니다. 하지만 그는 이를 실패로 여기지 않고 새로운 분야에 도전했습니다. 픽사 애니메이션 스튜디오를 인수한 그는 픽사를 세계적인 애니메이션 회사로 만들었어요. 이후 스티브 잡스는 경영 악화로 어려워진 애플로 다시 복귀하게 됩니다. 그는 아이팟, 아이맥, 아이폰을 출시하며 애플을 세계에서 손꼽히는 회사로 성장시키죠. 그가 자신을 패배자로 여기고 포기했다면 지금의 애플은 없었을지도 모릅니다.

전 세계에 가맹점을 두고 있는 KFC의 창업자 커널 샌더스의 인생 역전은 널리 알려져 있습니다. 가난한 가정환경으로 열 살 때부터 일을 시작했지만 산만하다는 이유로 한 달 만에 해고당합니다. 철도 회사, 변호사 사무실에서도 번번이 잘렸습니다. 영업 사원 일을 하며 모은 전 재산을 쏟아부은 사업이 망하기도 했어요. 무수한 실패를 겪고도 끝까지 포기하지 않았던 그가 KFC를 창업한 나이는 65세였습니다. 미국 전역을 돌며 1000번의 거절을 당한 끝에 이룬 성과였습니다. 그에게 1000번의 거절은 실패가 아니라 성공으로 가는 1000번의 시도였어요.

우리가 알고 있는 많은 위인과 성공한 사람들은 실패와 역경을 딛고 일어난 이들입니다. 실패와 성공은 연장선에 놓여 있습니다. 실패했기에 성공도 할 수 있었지요. 아인슈타인, 피카소, 공자 등은 실패를 경험했지만, 그것을 하나의 과정이라고 여겼습니다. 여기서 중요한 점은 실패를 두려워하지 않고 새롭게 도전하려는 높은 자존감입니다. 성공 경험은 자존감을 높이는 중요한 요인이에요. 성공을 많이 한 사람일수록 자존감이 높습니다. 하지만 실패와 좌절 없이 손쉽게 성공할 때보다 역경을 이겨내고 성공을 이뤘을 때 자존감이 더 단단해지고 건강해집니다. 실패를 통해 사람은 숨겨진 잠재력을 발휘하게 되고 새로운 가능성을 찾게 됩니다.

아이는 실패를 통해 배운다

현재는 초등학교에서 지필 평가를 치르지 않지만, 예전에는 중간·기말고사를 쳤습니다. 2학년 아이들도 시험 점수를 못 받을까 걱정스레 얘기했습니다. "엄마가 80점 못 받으면 집에 들어올 생각하지 말래요." "이번에 100점 아니면 아빠한테 회초리로 맞아요." 아이들은 혼날 걱정에 시달리며 시험 점수를 기다렸어요. 아이들의 반응은 각양각색입니다. 95점을 맞고도 한 개를 틀렸다고 우는 아이. 60점을 맞아도 저번보다 잘했다며 기뻐하는 아이. 60점을 받은 아이에 비해 95점을 맞은 아이의 시험 점수가 월등히 높습니다. 하지만 삶을 대하는 태도나 자신을 바라보는 시각은 누가 더 긍정적일까요?

아이가 태어나 처음으로 뒤집기를 했던 때를 떠올려보세요. 무수한 시도 후 뒤집기에 성공하게 된 순간 엄마는 이 장면을 영상으로 남기고 온 가족에게 자랑하기도 합니다. 혼자서 능숙하게 걷기 위해선 수백 번의 엉덩방아를 찧어야 해요. 혼자 화장실 가기, 혼자 밥 먹기, 혼자 씻기 등이 능숙해지기 위해선 몇 년씩 걸립니다. 어릴 때는 마냥 기특하고 신기하던 아이의 자람이 아이가 커갈수록 무뎌지기 마련입니다. 아이의 성장보다는 아이의 성적과 엄마의 기대를 어느 만큼 충족시켜주느냐가 중요해집니다. 과정보다는 눈에 보이는 결과를 더 중요하게 여기게 됩니다.

아이의 긍정적인 자존감 형성을 위해 성공 경험은 꼭 필요합니다. 하지만 수많은 실패를 거쳐야 진짜 성공의 경험을 할 수 있어요. 엄마는 아이의 성공보다는 실패를 더 귀하게 여겨야 합니다. 줄넘기를 넘지 못할 때, 간단한 수학 문제를 혼자서 해결하지 못할 때, 학급 회장 선거에서 떨어졌을 때. 아이는 태어나면서부터 수많은 실패를 경험합니다. 엄마는 낙담한 아이의 모습이 안타까워 아이의 실패를 자기 일보다 더 속상하게 여깁니다. 엄마부터 실패를 기쁘게 받아들이는 연습을 해야 해요. 성장 가능성을 가진 잠재력에 기뻐해야 합니다. 학습의 기회로 삼고 아이가 단단해지는 과정임을 엄마가 먼저 받아들여야 해요.

엄마가 먼저 아이의 실패에 관대한 태도를 보이면 아이도 실패를 대하는 태도가 달라집니다. 엄마가 실패에 연연하지 않는 모습을 보이면 아이도 배우게 됩니다. '처음부터 쉬운 일은 없어.' '실수하거나 실패해도 괜찮아.' '다음에는 더 잘할 수 있어.' 실패에 무너지지 않고 스스로를 다독이게 됩니다. 엄마가 아이의 실패에 지나치게 반응하면 아이는 패배감에 빠집니다. 죄책감을 느끼고 더 잘하지 못한 자신을 비난합니다. 자신을 과소평가하게 되고 다음 도전을 주저하게 돼요. 실패를 하나의 과정으로 여기고 배움의 기회로 삼는 태도를 지닐 수 있도록 엄마가 도와주어야 합니다. 그러면 어른이 된 아이는 어려움이 와도 스스로 이겨내게 됩니다.

아이가 같은 실패를 반복한다면?

민주는 어릴 때부터 음악 쪽에 소질을 보이며 피아노 연주하기를 좋아했습니다. 좋아하는 만큼 재능도 있었어요. 학원 선생님도 민주의 실력에 감탄하곤 했습니다. 어머니는 일찌감치 민주의 재능을 키워주고자 콩쿠르 참여를 권했어요. 우수한 연주 실력을 보이던 민주는 콩쿠르에만 나가면 실력 발휘를 하지 못했습니다. 내성적인 성격을 가진 민주가 무대 공포증이 심했기 때문이에요. 처음이라 긴장을 많이 한 탓이라고 민주를 다독였습니다. 다음 해 참여한 콩쿠르에서도 무대 공포증으로 연주를 마치지 못해 민주의 상심은 더욱 커졌습니다.

민주처럼 실패를 거듭한 아이를 위해 할 수 있는 엄마의 역할은 무엇일까요? 가장 중요한 것은 아이를 믿고 기다려주는 것입니다. 연이은 실패에 가장 속상한 사람은 아이입니다. 이때 엄마가 아이보다 더 감정적인 모습을 보이면 아이는 크게 동요하게 됩니다. 엄마가 먼저 흔들려선 안 됩니다. 누구보다 낙심했을 아이의 마음을 보듬어주어야 합니다. 같은 실수와 실패를 반복하지 않기 위해 엄하게 야단치기도 하는데, 이것은 해결 방안을 함께 찾는 방법이 아닙니다. 아이의 수치심을 자극하고 겁을 먹게 합니다. 성공을 위한 재시도를 차단해버립니다. 아이를 믿고 아이의 편에서 건넨 격려가 더 강력한 힘을 발휘해요.

아이마다 타고난 기질이 있습니다. 우리 아이는 어떤 기질을 가진 아이인지 파악해야 해요. 우리 아이가 당차고 밝고 활발하고 사교성도 좋으면 좋겠지만 모두가 그런 건 아닙니다. 소극적인 아이, 낯을 많이 가리는 아이, 표현을 잘 못 하는 아이 등 다양합니다. 아이의 기질을 180도 바꾸는 것은 어려워요. 무리하게 바꾸려 하면 아이는 상처를 받고 마음을 닫아버리기도 합니다. 기질은 저마다 장단점이 있습니다. 소심한 아이는 남들 앞에 나서는 것은 어려워하지만 세심하고 타인을 잘 배려해요. 아이의 타고난 기질을 엄마가 먼저 있는 그대로 인정해주세요. 없는 것을 바라기보다는 각 기질의 장점을 더 살려주세요. 아이의 기질에 좋고 나쁨은 없습니다.

실패하고서도 긍정적인 모습만 보이려는 아이들이 있습니다. 자신의 감정을 솔직하게 표현하지 못하거나 약한 모습을 보이는 게 두려운 경우입니다. 감정을 숨기고 좋은 모습만 보이려 하면 후에 더 큰 불안이나 우울증으로 번질 수 있습니다. 아이가 감정을 자연스럽게 털어놓을 수 있는 환경을 조성하는 것이 중요해요. 아이의 감정을 엄마가 먼저 헤아리고 말해주는 것도 좋지만 아이가 표현할 기회를 주세요. 실패했을 때뿐만이 아니라 평소에 아이와 소통하는 시간을 마련해야 합니다. 일주일에 한두 번이라도 괜찮습니다. 이런 소통을 통해 아이는 자신의 감정을 알고 조절할 수 있게 됩니다.

한 번의 실패와 성공이 인생을 결정하지 않습니다. 무수한 변수 속에서 살아가는 우리는 수많은 실패와 성공을 겪습니다. 우리는 모든 경험을 통해 성장하고 배워나가요. 엄마부터 아이가 모든 경험을 통해 배워나가고 있음을 받아들이는 자세를 가져야 합니다. 아이를 실패로부터 떼어놓으려 하지 말고 이를 극복해나가도록 도와주어야 해요. 수백 번의 실패를 겪더라도 다시 일어설 수 있도록 아이의 곁을 지켜주어야 합니다. 엄마만은 아이의 편이 되어주어야 해요. 엄마가 안전한 기지가 되어줄 때 아이는 실패를 이겨내고 나아가게 됩니다.

실천 TIP 이제는 이렇게 해보세요!

- 아이에게 실패를 대하는 태도를 알려주세요. 실패는 배움의 과정입니다.
- 아이의 능력보다는 노력에 초점을 맞추어주세요. 아이의 잠재력이 더 깊어집니다.
- 아이의 타고난 기질을 있는 그대로 받아들이고 키워주세요.
- 아이가 자신의 감정을 솔직하게 표현할 수 있는 환경을 만들어주세요.
- 아이의 사소한 실수는 웃어넘기고 실패에 관대한 태도를 보여주세요. 여유를 가지고 스스로 극복할 수 있는 충분한 시간을 주세요.

2

적절한 좌절을 경험하는 아이,
좌절 없이 늘 이기기만 한 아이

우리 아이들은 풍요롭고 즉각적인 시대를 살아가고 있습니다. 원하는 것은 손짓 하나로 당일 배송되며 매체의 발달로 세계의 정보를 손쉽게 접할 수 있습니다. 저출산으로 아이가 귀해졌고 외동아이도 점점 늘고 있어요. 결혼 적령기가 늦어지면서 어렵게 가진 아이에게 쩔쩔매는 엄마를 종종 보게 됩니다. 맞벌이로 인해 가정에서의 육아가 아닌 어린이집과 조손祖孫 육아 비중이 점점 늘어나고 있습니다. 또한 여러 환경의 요인으로 아이들은 물질적인 것을 더욱 중요시합니다. 하고 싶은 것, 갖고 싶은 것, 원하는 것을 손쉽게 얻게 됩니다. 그만큼 인내심이 부족해지고 좌절에 면역이 없어집니다.

아이에게 적절한 좌절이 필요한 이유

2학년 민수는 모든 상황을 자신에게 유리한 방향으로 이끌어가려는 성향이 강한 아이였어요. 친구들과 놀 때도 자신이 정한 놀이만 고집했습니다. 마음에 들지 않는 일이 있으면 물건을 던지고 친구를 때리기도 하였어요. 고집이 세고 잘못을 인정하는 법이 없었습니다. 그야말로 '독불장군'이었습니다. 상담 주간에 어머니와 민수의 성향에 관해 이야기를 나누었습니다. 집에서도 민수의 고집을 꺾을 사람이 없어 걱정이 크다고 하셨어요. 마음이 약한 어머니는 민수를 통제하기가 버겁기만 했습니다. 그나마 엄한 아버지는 출장이 잦아 민수와 보내는 시간이 턱없이 부족했어요. 시간을 못 보내는 만큼 민수가 원하는 건 무엇이든 사주시곤 했습니다. 어머니는 집에선 민수를 이길 사람이 없다며 하소연하셨어요.

민수처럼 자신이 하고 싶은 대로 해야 직성이 풀리는 아이들이 있습니다. 이런 아이들을 보면 울고 떼쓰면 엄마가 원하는 것을 다 들어준 경우가 많습니다. 원하면 욕구가 즉각적으로 충족되었기에 인내심이 부족합니다. 아이들은 자라면서 자기중심성에서 벗어나 타인과 함께 어울려 지내는 법을 배웁니다. 적절한 통제와 좌절을 경험하지 못한 아이는 이기적인 성향이 강합니다. 자신의 욕구에만 충실하고 욕구가 지연되는 것을 못 견뎌 합니다. 감정 조절에 미숙하여 화를 억누르지 못해요.

그래서 아이들은 어릴 때 적절한 수준의 좌절을 겪는 게 매우 중요합니다. 자신이 하고 싶은 대로 다 할 수 없다는 것을 깨달아야 해요. 자유와 방종은 엄연히 다릅니다. 타인에게 피해가 되는 행동이나 위험한 행동에 대해선 단호하게 가르쳐주어야 해요. 36개월 이후부터는 해서는 안 되는 행동에 대한 명확한 경계를 차근차근 알려주어야 합니다.

엄마의 기분에 따라 통제의 범위가 달라져서도 안 됩니다. 기분이 좋을 때는 허용했다가 기분이 좋지 않을 때는 제지하면 아이는 혼란을 느낍니다. 일관적인 행동의 명확한 범위 설정은 아이들에게 안정감을 줍니다. 규칙성이 있고 예측할 수 있기에 안전하다고 느낍니다.

아이에게 선택권을 주고 행동하도록 하는 것은 높은 자존감을 위해 필요합니다. 아이들은 허용 범위가 어디까지인지 지속해서 시험합니다. 이때 엄마가 명확한 경계선을 알려주어야 해요. 하지 말아야 할 것을 분명하고 단호하게 깨닫도록 해야 합니다. 아이와 부딪히기 싫어서 아이의 행동을 모두 받아준다면 어떻게 될까요? 자신을 받아주는 사람 앞에서는 더 함부로 행동합니다. 계속 이기려 하고 이용하려 합니다.

어린 시절 적절한 좌절을 겪어야 앞으로 마주하는 더 큰 어려움에 쉽게 무너지지 않습니다. 아이를 사랑하는 만큼 단단하고 올바르게 키우는 것도 중요합니다.

승부욕 강한 아이, 떼쓰는 아이 대처법

주미는 지는 것을 못 견뎌 하였어요. 학급에서 친구들과 함께 하는 놀이에서 자신이 지면 이길 때까지 다시 하려고 하였습니다. 자신이 진 것에 대해 인정하지 않고 반칙을 하거나 우기기도 하였습니다. 옆 반과 합동 체육을 하다 경기에 지면 종일 친구 탓을 하고 짜증을 부렸어요. 이기기 위해 수단과 방법을 가리지 않는 모습도 종종 보였습니다. 수학 단원 평가 점수가 친구보다 낮다고 시험지를 찢어버려서 제가 주의를 준 적도 있었어요. 주미의 과도한 승부에 대한 집착으로 인해 친구들은 주미와 놀이하는 것을 꺼려했습니다.

유독 승부욕이 강한 아이가 있습니다. 승부욕은 동기를 부여하고 성취감을 갖게 해주는 좋은 원동력입니다. 승부욕은 아이를 성장시키고 노력하게끔 하지만 지나치면 문제가 됩니다. 이런 아이들은 주변과 타협하지 않고 자기 뜻대로만 하려는 성향이 강합니다. 항상 칭찬만 받고 이기기만 한 아이는 자신감을 넘어 자만하기 쉽습니다. 승패에만 집착하기 때문에 그보다 더 중요한 의사소통 기술이나 대인 관계 기술을 배우기 어렵습니다. 작은 열등감조차 경험하지 못한 아이는 자라서 실패를 했을 때 쉽게 좌절하고 이겨내지 못합니다.

아이들은 놀이를 통해 배웁니다. 승부욕이 강한 아이라면 경쟁심을 부추기는 놀이는 자제하는 것이 좋습니다. "누가 더 빨리하는지 시합해볼까?"처럼 경쟁을 유도하기보다는 협력할 수 있는 놀이가 좋아요. 도미노, 캐치볼 등 함께 성취감을 느낄 수 있는 놀이를 해보세요. 결과보다는 과정에 관심을 보여주어야 합니다. "규칙을 잘 지켰네." "새로운 방법을 찾아냈구나!" 이처럼 과정에서 발견한 긍정적인 면을 칭찬해주세요. 놀이나 시합에 졌을 때 아이의 감정을 읽어주고 위로해주세요. "맘처럼 안 되어 속상하지? 엄마도 1학년 때 달리기에 꼴등 해서 속상했는데 연습해서 2학년 때 2등 했단다. 우리 이따가 나가서 연습할까?"라고 엄마의 실패담을 들려주는 것도 도움이 됩니다.

아이들은 성장함에 따라 자기주장을 분명하게 합니다. 아이들은 "안 해" "싫어"를 입에 달고 살며 자신이 하고 싶은 대로 하려고 합니다. 발달 단계에 맞게 정상적으로 잘 자라고 있다는 표현입니다. 자연스럽게 받아들이되 때에 따라 단호하게 대처하는 것이 중요합니다. 하면 안 되는 행동까지 다 받아주어선 안 됩니다. 아이의 도를 넘는 행동에 화가 나 폭력을 쓰거나 언성을 높이는 것은 효과가 없습니다. 떼를 쓴다는 건 그만큼 자아 개념이 강하고 자신의 의지가 강하다는 뜻입니다. 아이의 감정을 충분히 수용해주고 대안을 제시해주는 것이 좋아요. 아이를 떼쓰는 자리에서 즉각적으로 옮기거나 무반응으로 대처해야 합니다. 아무리 울고 떼써도 해결되지 않음을 아이가 알아야 합니다.

원하는 것과 필요한 것 구분하기

아이들은 바라는 것이 많습니다. 어릴 때는 주로 장난감입니다. 초등학생 이후부터는 게임기, 스마트폰, 스마트패드, 고가의 브랜드 옷 등 가격도 비싸지고 다양해집니다. 아이에게 꼭 필요한 물건도 있지만, 단순히 갖고 싶은 마음에 사달라는 물건도 많습니다. 그래서 엄마와 아이 사이에 갈등이 생기기도 합니다. 특히 저학년 아이에게 스마트폰이나 스마트패드를 사줘도 괜찮은지 상담하시는 학부모님들이 많습니다. 안 사주려니 내내 조르는 아이의 모습이 안쓰럽고 사주려니 걱정이 앞섭니다.

여유가 된다고 해서 원하는 것이 생길 때마다 다 사주는 것은 지금 당장은 아이의 행복이 될 수 있지만 멀리 내다봤을 때는 부정적인 영향이 더 큽니다. 아이는 스스로 원하는 것을 쟁취하는 성취감이나 책임감, 인내심 등을 습득하기 어렵습니다. 그래서 그것이 꼭 필요한 것인지, 단순히 갖고 싶은 것인지부터 구분해야 해요. 필요한 것은 엄마가 제공해주되 원하는 것은 스스로 얻도록 하는 것이 좋아요. 아이가 갖고 싶은 것이 생겼다고 할 때 먼저 아이의 마음에 충분히 공감해주어야 합니다. 이후 함께 적극적으로 해결 방법을 모색하는 것이 바람직합니다. 당장 아이의 요구를 들어줄 수 없는 엄마의 입장을 충분히 설명해준 후 대안을 제시하는 것도 좋습니다.

초등학교 2학년 아이가 스마트폰을 갖고 싶은 상황을 가정해보겠습니다.

유라 엄마, 저 스마트폰 갖고 싶어요.

엄마 우리 유라가 스마트폰이 많이 갖고 싶은가 보구나?

유라 친한 친구들은 다 스마트폰 있어서 서로 연락하고 게임 하는데 나는 없어서 못 해요.

엄마 우리 유라가 친구들이랑 어울리지 못해서 속상했겠다. 근데 스마트폰은 비싸서 당장 사기는 어려울 것 같은데 어떻게 하면 좋을까?

유라 반은 제가 용돈 모으고 반은 엄마가 보태주시는 건 어때요?

엄마 유라가 용돈을 모은다니 너무 기특하다. 열심히 용돈을 모으면 3학년 될 때쯤 스마트폰을 가질 수 있겠는걸.

유라 오늘부터 열심히 용돈 모아야겠어요. 청소하면 용돈 더 주실 거죠?

이 같은 과정을 통해 아이는 자신이 원하는 것을 갖기 위해 방법과 할 일을 스스로 찾게 됩니다. 엄마와 대화를 나누는 과정을 통해 아이는 문제를 해결하고 타협하는 방법을 배우게 되죠. 자신의 의견이 받아들여질 때도 있고 그렇지 않을 때도 있음을 자연스럽게 받아들입니다. 중요한 것은 공감해준다고 해서 모든 요구를 다 들어주는 것은 아니라는 점입니다. 아이 입장에서 생각하고, 마음을 이해해보려는 진심 어린 노력이 필요합니다. 원하는 것을 다 가질 수 없고 원하는 것을 갖기 위해선 기다림이 필요하다는 것을 알려주어야 해요. 손쉽게 얻는 것보다 스스로 노력하고 인내하여 가질 때 더 소중하게 여기며 성취감도 더 큽니다.

소중한 아이가 원하는 것이라면 무엇이든 다 해주고 싶은 것이 엄마 마음입니다. 원하는 것을 가졌을 때 활짝 웃는 아이의 얼굴을 보며 엄마는 행복을 느낍니다. 그러나 아이에게 해줄 수 있는 것, 사줄 수 있는 것은 한계가 있습니다. 다 해주기 어려워요. 아이를 진정으로 위한다면 적절한 좌절을 어릴 때 경험하도록 해야 합니다. '엄마 아빠는 소중한 너에게 뭐든 다 해주고 싶지만, 네가 하고 싶은 걸 다 할 순 없어'라는 것을 아이가 알 수 있도록 해주세요. 좌절 없이 자신감만 높은 아이들은 부러지기 쉽습니다. 적절한 좌절을 겪은 아이들은 탄력성을 가집니다. 어려움에 빠져도 스스로 해결책을 찾고 회복하는 힘을 가지게 됩니다.

실천 TIP 이제는 이렇게 해보세요!

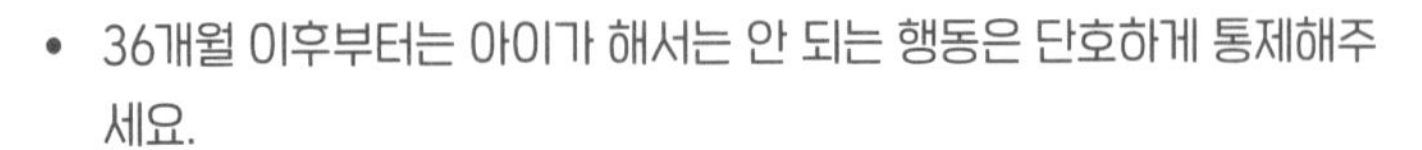

- 36개월 이후부터는 아이가 해서는 안 되는 행동은 단호하게 통제해주세요.
- 자신이 원한다고 해서 모든 것을 다 할 수 있는 것은 아니라는 사실을 아이가 깨닫게 해주되 아이의 마음을 충분히 수용하고 공감해주세요.
- 승부욕이 강한 아이는 경쟁보다는 협력, 결과보다는 과정에 초점을 맞추고 놀이를 해주세요.
- 울고 떼쓰는 아이에게는 '아무리 울고 떼써도 소용없다'라는 것을 깨닫게 해주어야 합니다. 무관심으로 대응하되 아이에게 먼저 규칙을 알려주세요. 늘 요구를 들어주던 엄마가 갑자기 태도를 바꾸면 아이는 불안해하고 상황을 받아들이기 어려워 해요. 마트에 가기 전 "오늘은 장 보러 가는 거라 장난감은 살 수 없어"라고 미리 얘기하고 어떤 상황이 와도 그 말을 지키도록 해요.

3

아이 자존감을 크게 높이는 법

자아 존중감, 즉 자존감이 높은 사람의 중요성이 대두되고 있습니다. 자존감은 자신을 존중하고 믿는 자기 확신입니다. 스스로 사랑받을 만한 소중한 존재이고, 어떤 상황에서도 잘 해낼 수 있는 유능한 사람이라고 믿는 마음입니다. 실패하더라도 자신의 부족함을 받아들이고 있는 그대로의 자신을 인정하고 긍정하는 태도입니다. 하버드대학교 교육대학원 조세핀 킴 교수는 "자존감은 성공하는 삶을 살아가는 데 꼭 필요한 요소이다"라고 하였습니다. 그리고 숙명여대 교육학부 송인섭 교수는 "모든 행동의 근원이 되는 핵심적인 인간 행동의 특성"이라 하였어요. 높은 자존감은 곧 높은 자립심과 행복의 보증수표입니다.

자존감이 높은 사람들의 특징

아이들과 함께 지내다 보면 다양한 높낮이의 자존감을 지닌 아이들을 만나게 됩니다. 아이들은 저마다의 방식으로 자신의 존재감을 드러냅니다. 아이가 내성적이고 혼자 시간을 많이 보낸다고 해서 자존감이 낮은 것은 아닙니다. 묵묵히 좋아하는 것에 몰두하고 타인에 휩쓸리지 않는 자기 확신을 가진 아이이기도 합니다. 바찬가지로 아이가 활달하고 목소리가 크다고 자존감이 높은 아이라고 할 수 없습니다. 아이가 과하게 관심과 주목을 받고 싶어 한다면 타인의 인정이 고픈 신호라 볼 수 있습니다. 자신이 여기 있음을 끊임없이 호소하는 것입니다.

EBS 〈다큐프라임: 아이의 사생활 3부–자아 존중감〉은 자존감이 아이들에게 미치는 전반적인 영향력을 다양한 실험으로 밝혔습니다. 실험에 의하면 자존감은 신체상 83퍼센트, 자아상 67퍼센트, 공감 능력 83퍼센트, 리더십 100퍼센트, 성취도 83퍼센트의 일치율을 보인다고 합니다.

자존감이 높은 아이는 자신을 긍정적으로 생각하고 신체나 외모에 대한 만족도가 높아요. 리더의 자질을 갖추고 있으며 다른 사람들과 원만하게 지내고 공감 능력이 높습니다. 어떤 일을 할 때 자신이 잘 해내리라는 믿음을 가지고 참여하며 성취감을 느낍니다. 이처럼 자존감이 높은 아이는 생활 전반에서 긍정적이고 만족도가 높으며 주도적입니다.

《자기긍정파워》의 저자이며 세계적인 자존감 계발 전문가인 미아 퇴르블롬Mia Tornblom은 "자존감이 낮으면 자신의 소중함을 깨달을 수 없다. 주변에 누가 있느냐에 따라 자신의 가치가 달라진다. 언제나 한결같이 자신을 존중할 수 없다. 상황에 따라 자신의 가치가 나아지기도 하고 나빠지기도 한다. 좀 더 정확히 말하자면 몇몇 예외적인 경우를 제외하고는 늘 자신을 하찮은 존재라고 느끼게 되는 것이다"라고 하였습니다. 아무리 남들이 부러워하는 성공을 했다고 해도 자신을 존중하고 사랑하는 마음이 없으면 행복에 닿을 수 없습니다.

자존감이 높은 사람은 단순히 자기애가 높고 자신의 유능함을 믿는 사람이 아닙니다. 자신의 한계를 인정하고 부족한 면까지 수긍하는 사람입니다. 자신을 있는 그대로 받아들입니다. 부족한 면은 보완하고자 하며 강점은 더 키우고자 노력해요. 즉 자신이 완벽하지 않음을 인정하고 있는 그대로의 자신을 사랑하고 존중하는 태도가 자존감입니다.

어려서부터 높고 안정된 자존감을 지니면 내면에 든든하고 따뜻한 안식처를 가지게 됩니다. 이곳은 세상의 벽에 부딪혀 좌절할 때도, 정서적인 위험을 겪을 때도 스스로 보듬어줄 수 있는 피난처가 됩니다. 안정의 시간을 가지고 다시 나아갈 수 있는 회복 탄력성의 근원이 됩니다.

엄마의 태도가 아이의 자존감을 결정짓는다

3월, 새로운 학년이 시작되는 첫날이면 반 아이들의 사진을 찍습니다. 아이들의 이름과 얼굴을 빨리 익히기 위해 필수적으로 하는 활동입니다.

6학년 민석이는 사진을 찍을 때 카메라를 똑바로 보지 못하는 아이였습니다. 처음에는 낯을 많이 가린다고 생각했어요. 함께 지내면서 민석이가 대화할 때 눈 맞춤이 어려운 아이란 걸 알게 되었습니다. 시선을 회피하고 자신이 하고 싶은 말을 정확하게 전달하지 못하였습니다. 자신이 원치 않는 상황에 놓이면 울거나 도망치는 거부 반응을 보였습니다.

아이의 자존감 형성 이전에 꼭 선행되어야 하는 것이 있습니다. 바로 의미 있는 타인의 바라봄과 긍정적인 상호작용입니다. 민석이는 유아기에 의미 있는 타인, 즉 엄마로부터 충분한 눈 맞춤이 이뤄지지 않았을 가능성이 큽니다. 타인과 시선을 주고받는 게 익숙하지 않은 것이지요.

자신을 향한 온전한 시선, 귀 기울임이 없을 때 아이는 존재감을 느끼기 어렵습니다. 아이는 엄마가 관심과 애정을 가지고 바라볼 때 존재감을 느낍니다. 자존감 형성 이전에 아이는 '자기 존재감'을 충분히 느껴야 합니다. 내가 여기 존재하고 있음을 스스로 알기 어렵기 때문입니다. 이렇듯 자기 존재감은 다른 누군가의 지극한 시선과 따스한 상호작용으로 획득되는 것입니다.

유년기 아이들은 자신을 가장 우선시하는 '자기중심성'의 성향을 보입니다. 이때 엄마가 사사건건 통제하고 과잉보호를 해선 안 됩니다. 자기중심성을 마음껏 경험하지 못한 아이들은 오히려 타인의 요구에 더 휘둘리기 쉬워요. 스스로 무게중심을 잡지 못하기에 엄마의 기대에 자신을 맞추려고 합니다. 아이는 자기중심성을 마음껏 누려야 합니다. 남에게 피해를 주거나 위험한 행동을 하는 게 아니라면 한 걸음 떨어져 아이를 지켜봐 주세요. 자기중심성을 경험한 아이가 타인을 이해하고 공감할 수 있어요. 아이의 자아가 단단히 뿌리내리고 중심을 잡을 수 있도록 기다려주어야 합니다.

아이의 자존감은 만 5~8세 사이에 형성됩니다. 이때 아이와 가장 많은 시간을 보내는 사람은 바로 엄마입니다. 그래서 엄마의 태도가 아이의 자존감을 결정짓는 것입니다. 자존감은 자라면서 천천히 쌓아가는 것이에요. 엄마가 있는 그대로 인정해줄 때 아이는 자신이 사랑받을 만한 사람이라고 여깁니다. 엄마가 아이가 하고자 하는 것을 격려하고 기다려주어 아이 스스로 성취할 때 아이는 유능감을 느끼게 됩니다. 자신을 긍정적으로 평가하고 무엇이든 할 수 있다는 자신감을 가지게 됩니다. 엄마가 물러선 만큼 아이는 앞서가게 되고 엄마가 믿는 만큼 아이의 자존감이 높아집니다.

우리 아이의 자존감을 높이려면?

초등학교 4학년 내화는 좋아하는 것이 많고 학습에도 적극적으로 참여하였습니다. 그림 그리기, 뜨개질, 책 읽기 등 다방면에 흥미를 보였습니다. 1학기 학급 임원 선거가 있는 날 내화는 근소한 표 차이로 바라던 학급 회장이 되지 못했습니다. 쉬는 시간에 내화에게 아쉽지 않냐고 물었어요. "속상하지만 괜찮아요. 2학기 때 또 나가면 되죠"라며 웃어 보였습니다. 대회에서 상을 타도 자만하지 않고 열심히 준비한 그림 대회에서 입상하지 못해도 실망하지 않았습니다. 내화는 또 다른 기회가 있다는 것을 알고 있었어요. 수업 때 정리 공책에 중요한 내용을 스스로 필기하고 자기 주도적으로 학습하였습니다. 수학을 어려워하는 친구에게 먼저 다가가 도와주는 모습도 인상 깊었어요.

내화는 자존감이 높은 아이였어요. 내화의 어머니와 대화를 나누면서 어머니 역시 아이의 실수에 관대하고 여유로운 태도를 지닌, 자존감이 높으신 분이란 걸 알게 되었어요. 학교에서의 인성교육도 중요하지만, 교사와 함께 보내는 1년 동안은 변화를 이뤄내기엔 턱없이 짧습니다. 아이에게 가장 큰 영향력을 발휘하는 존재는 엄마입니다. 아이의 자존감은 엄마의 자존감을 뛰어넘을 수 없다는 말이 있습니다. 아이가 높은 자존감을 가지지 위해서는 먼저 엄마의 자존감이 높아야 합니다. 아이는 엄마를 보며 자라고 배웁니다. 엄마가 먼저 자신을 아끼고 사랑해야 합니다. 아이를 대하기에 앞서 엄마는 자신의 자존감을 확인해야 해요. 자신을 보듬고 돌보는 시간이 절대적으로 필요합니다.

아이의 자존감은 한순간에 높아지지 않습니다. 아이가 태어나면서부터 엄마의 큰 노력과 정성이 필요합니다. 유년 시절 엄마와 긍정적인 상호작용을 한 아이들은 건강한 애착 관계를 형성해요. 엄마가 곁에서 즉각적으로 욕구를 충족시켜주고, 따스하게 보듬어줄 때 아이는 안정감을 느낍니다. 자존감을 형성하기 이전에 아이가 안전함을 느끼고 안정된 정서를 가지는 것이 무엇보다 중요합니다. 엄마라는 안전지대를 보호막으로 삼아 아이는 세상을 탐험하고 나아갑니다. 아이가 높은 자존감을 가지고 자립하기 위해선 엄마라는 단단한 버팀목이 꼭 필요해요. 아이의 존재에 감사하고 조건 없이 사랑하되 적절한 경계를 알려주어야 합니다.

높고 단단한 자존감을 가지기 위해선 첫째, 스스로 선택할 기회를 많이 주어야 합니다. 선택에 따라 긍정적인 결과를 경험하고 영향력을 직접 느낄 때 자존감이 높아집니다. 둘째, 성공의 경험과 실패의 경험 모두 중요해요. 성공을 통해 자신감을 얻고 실패를 딛고 극복함으로써 자기 가치감을 가지게 됩니다. 셋째, 칭찬하고 격려해주어야 해요. 아이는 엄마의 말 한마디에 지옥과 천국을 오갑니다. 엄마가 문제 행동에만 관심을 보인다면 아이는 엄마의 관심을 받기 위해 문제 행동을 더 하게 됩니다. 아이의 긍정적인 면에 초점을 맞추고 칭찬을 하면 자존감이 강화됩니다. 습관적으로 "잘했어"라고 하는 것보다 "고마워"라고 할 때 아이는 자신을 의미 있는 존재로 여기고 뿌듯함을 느낍니다.

앞서지 않고 아이의 속도에 맞출 때 아이의 자존감이 자랍니다. 한 걸음 뒤에 물러서 기다려줄 때 아이의 자립심이 커집니다. 높고 건강한 자존감은 아이가 삶을 이끌어가는 데 중요한 원동력이 됩니다. 아이의 자존감에 결정적인 영향력을 미치는 사람은 바로 엄마입니다. 높은 자존감은 엄마가 아이에게 줄 수 있는 최고의 선물이에요. 엄마의 자존감이 아이에게 대물림됩니다. 엄마가 먼저 행복하게 삶을 꾸리는 모습을 보여주어야 해요. 높은 자존감을 가진 아이가 진취적으로 자기 삶을 주도할 수 있습니다. 넘어져도 다시 일어설 수 있으며, 주저하지 않고 자신의 길을 갈 수 있습니다.

실천 TIP 이제는 이렇게 해보세요!

- 자존감은 만 8세 이전에 형성됩니다. 이때 엄마의 바라봄, 건강한 애착관계 맺기, 자기중심성 누리기 등 엄마의 따뜻한 시선과 긍정적인 상호작용이 중요합니다.
- 엄마의 자존감이 높아야 아이의 자존감이 높습니다. 엄마가 먼저 자신을 아끼고 존중해주세요. 아이는 엄마를 보며 배웁니다.
- 아이의 자존감은 고정되는 것이 아닙니다. 엄마의 노력으로 얼마든지 변화할 수 있습니다. 아이가 자존감이 낮다면 지금부터라도 아이를 긍정적으로 바라봐 주고 사랑을 표현해주세요.

4

내 아이의 주도성을 키우는 한마디, "완벽하지 않아도 괜찮단다"

신규 교사였을 때만 해도, 하교 후 학교 운동장에 남아 시간을 보내는 아이들이 많았습니다. 10여 년이 지난 지금, 운동장에서 놀고 있는 아이들을 찾아보기 힘들어요. 아이들도 엄마들도 더욱 바빠졌습니다. 1학년 때부터 요일별로 학원이 정해져 있습니다. 종합 학원, 태권도 학원, 피아노 학원, 영어 학원은 선택이 아니라 필수입니다. 주말에는 체험 활동을 가고 특별 프로그램에 참여합니다. 아이들에게 절대적으로 필요한 무료한 시간이 부족합니다. 아이들은 엄마가 빼곡하게 채워놓은 일과 속에서 자신을 들여다볼 겨를이 없습니다. 내가 무엇을 좋아하는지, 잘하는 것이 무엇인지 선뜻 대답하지 못하는 아이들이 많아졌어요.

완벽하지 않아도 괜찮아

5학년 수향이는 나무랄 것 없는 우등생이었습니다. 책상과 사물함은 반듯하게 정리되어 있고 쉬는 시간에는 다음 수업 준비를 합니다. 규칙과 질서를 철저히 지키고 필기와 정리를 깔끔하게 잘했어요. 학업 성취도 높았습니다. 이런 수향이에게는 완벽주의 성향이 있었습니다. 단원 평가에서 한 문제라도 틀리면 온종일 울상이었습니다. 거의 완성 직전의 그림에 실수라도 하면 넘어가지 못하고 새로 그렸어요. 운동신경이 떨어졌던 수향이는 체육 시간만 되면 아프다는 핑계로 수업을 빠지면 안 되냐고 물어왔습니다. 체육 시간을 자꾸 피하려는 이유가 무엇이냐고 물었더니 "잘하고 싶은데 마음처럼 안 돼서 하고 싶지 않아요. 친구들의 놀림거리가 되기 싫어요"라고 대답했습니다.

《네 명의 완벽주의자》에서는 완벽주의자로 만드는 다섯 가지 요소를 밝히고 있습니다. "실수에 대한 지나친 염려, 정리 정돈 습관, 엄마의 높은 기대, 높은 성취 기준, 행동에 대한 의심"입니다. 수향이를 관찰해본 결과 다섯 가지 요소에서 모두 높은 수치를 보였습니다. 실수에 대한 두려움이 크고 부모님의 높은 기대를 충족시키기 위해 고군분투하고 있었어요. 100점이 아니면 의미가 없다고 생각했어요. 완벽해야 한다는 강박에 시달리는 수향이는 매일 전쟁을 치르는 것과 다름없었습니다. 수향이의 꿈은 어른이 되어서 자신이 하고 싶은 대로 하는 것이라고 할 정도였습니다.

아이의 완벽주의 성향은 여러 요인으로 나타납니다. 아이가 완벽주의 성향을 보인다면 "완벽하지 않아도 괜찮다"라고 끊임없이 격려해주어야 해요. 아이가 '실수해도 나는 여전히 가치 있고 사랑받을 수 있는 존재야'라고 느낄 수 있도록 엄마의 노력이 필요합니다. 완벽해야만 한다는 강박에 갇히면 해야 할 것에 치여 자신을 돌볼 수 없습니다. 엄마의 기대와 자신의 높은 기준에 맞추려 애쓰다 보면 진정한 자신을 마주할 시간이 부족합니다. 높은 기대치만큼 이뤄내지 못할 때 아이는 수치심과 좌절감을 크게 느끼게 됩니다. 기대한 만큼 실망하게 됩니다. 높은 기대치로 인해 성취감을 느끼기 어려우므로 오히려 자존감이 낮아질 수 있습니다.

무엇보다 완벽함은 이루기 어렵고 중요하지 않다는 것을 아이가 알아야 해요. 아이는 엄마가 실수를 대하는 태도를 보며 배웁니다. 엄마가 자신의 실수를 인정하고 배우려는 태도를 보여야 해요. 아이가 보기에 무엇이든 잘하고 완벽한 엄마도 실수한다는 사실에 아이는 안심합니다. 자신의 실수를 용서하고 받아들이게 됩니다. 엄마는 아이가 안심하고 실수할 수 있도록 허용해야 합니다. 실수를 통해 무엇을 배웠는지 이야기를 나누는 과정이 필요해요. 이때 중요한 것은 엄마의 애정 어린 태도입니다. 아이가 죄책감을 느끼지 않도록 너그러운 태도를 보여주세요.

끝까지 하지 않아도 괜찮아

3학년 학생 어머니께서 상담을 요청해오셨어요. 아이가 학원에 다니는데 석 달을 넘기기 어렵다고 하였습니다. 억지로 시켜서 보낸 것도 아니고 아이가 원해서 다니는데도 금방 싫증을 낸다고 합니다. 피아노 학원에 가고 싶다고 해서 보내주었더니 체르니를 시작하기도 전에 그만두었습니다. 영어 학원을 원해서 등록하였지만 원어민 선생님이 무섭다며 두 달 다니다 그만두었고, 다음에는 수영을 배우고 싶다고 하였어요.

어머니께서는 능숙해질 때까지 꾸준히 하는 것이 중요하다고 생각하셨습니다. 끈기가 부족한 아이의 모습에 어머니의 걱정이 이만저만이 아니었습니다.

'일단 시작하면 끝장을 봐야 한다.' 엄마들은 아이들이 무언가를 배울 때 포기하지 않고 끝까지 하기를 바랍니다. 중도 포기는 곧 실패와 마찬가지라 여기죠. 아이가 원해서 시작한 일이라면 끝까지 완수하기를 바라며 중간에 포기하면 끈기가 없다고 생각합니다.

시작한 일을 꾸준히 하여 끝맺음하는 것은 중요합니다. 인내와 끈기는 삶을 이끄는 데 필요한 덕목입니다. 하지만 아직 자라고 있는 아이들에게는 새로운 것을 시도할 수 있는 도전 정신과 용기를 주는 것이 더욱 중요해요. 초등 학령기는 아이가 자신의 가능성과 잠재력을 발견해가는 과정이기 때문입니다.

아이가 무언가를 배우는 중이라도 다른 분야에 호기심과 관심이 충분히 생길 수 있습니다. 피아노를 배우다가 컴퓨터가 배우고 싶기도 하고 태권도를 배우고 싶을 수도 있습니다. 이때 엄마는 시작한 것을 꾸준히 배워 완성하고 다른 분야로 넘어가길 바랍니다. 하지만 이때 아이에게 끈기가 없다며 다그치거나 혼을 내기보다는 아이의 마음을 먼저 알아보아야 해요. 왜 싫증이 났는지, 적성에 안 맞는 것인지, 아니면 단순히 호기심 때문인지부터 파악해야 합니다. 엄마의 생각만으로 섣부르게 판단해서는 안 됩니다. "끝까지 하지 않아도 괜찮아. 대신 무슨 이유가 있는지 엄마에게 말해줄 수 있겠니?" 하며 아이의 마음을 먼저 살펴보아야 해요.

엄마가 다그치지 않고 너그러운 태도를 보인다면 아이는 자신의 속사정을 쉬이 털어놓습니다. "태권도는 겨루기 때문에 힘들어서 수영을 배우고 싶어 하는구나." 아이의 마음을 먼저 읽어주어야 해요. 아이가 방향을 바꾸거나 목표를 변경하고자 할 때 엄마는 적절한 융통성을 발휘해야 합니다.

중간에 포기한다고 해서 아이가 낙오자가 되거나 끈기없는 아이로 자라는 것은 아니랍니다. 아이가 하고자 하는 것을 도전하도록 하면 아이의 또 다른 재능과 잠재력을 발견할 수 있습니다. 아이가 관심을 가지고 의욕이 앞설 때 마음껏 경험하고 탐색할 기회를 제공해주세요.

아이에게 빈틈을 허용하자

"선생님, 오늘은 운이 없는 날이에요." 민현이가 하교하기 전 한숨을 푹 쉽니다.

"오늘은 왜 운이 없는 날이야?"

"오늘은 종합 학원 갔다가, 미술 학원, 영어 학원 마치고 집 가면 저녁 7시가 되거든요. 가야 할 학원이 가장 많은 날이라 운이 나빠요."

"민현이는 오늘 쉴 틈 없이 바쁜 날이네. 저녁은 언제 먹어?"

"집에 가서 먹는데 중간에 너무 배고파요. 근데 간식 사 먹을 시간도 없어요."

아이들은 자신이 바쁜 날을 운이 없는 날이라 표현합니다. 교사나 직장인 퇴근보다 하교가 늦은 아이들이 많습니다. 맞벌이 가정에서는 엄마가 집에 오는 시간에 맞추어 아이의 일정을 빼곡하게 짜놓습니다. 안전의 문제도 있지만, 아이의 한가한 시간을 용납할 수 없다는 의미이기도 합니다.

아이들이 바쁩니다. 초등학교 입학 전부터 아이들의 하루는 엄마가 짜둔 일정으로 꽉꽉 채워집니다. 학원에서 학원으로 옮겨 다니고 끼니를 차에서 해결하기도 합니다. 집에 와서는 학원 숙제를 하고 학습지를 풉니다. 아이를 키우기에 안전한 환경이 아니라며 일찍 사교육을 시작하고 의존합니다. 방과 후 학교 운동장에서 한

가롭게 노는 아이들을 찾아보기 힘듭니다. 아이들은 학원에 다니지 않으면 친구와 어울리기 어렵습니다. 엄마의 욕심과 환경적인 요인으로 아이들은 마음껏 뛰어노는 시간이 부족합니다.

아이의 일정에도 아이가 즐거움을 추구할 수 있는 빈틈이 필요합니다. 무료한 상태, 한가함을 만끽할 수 있는 시간과 공간이 필요해요. 아이에게는 재능을 탐색하고 배우는 것만큼 혼자 생각하고 느끼는 것도 중요합니다. 자신에 대해 생각하는 시간을 많이 가지면 삶에서 겪는 무수한 선택의 순간에 현명하게 대처할 수 있습니다. 자신이 무엇을 좋아하고 잘하는지 알 수 있기 때문에 진정으로 자신을 위한 선택을 할 수 있어요. 때로는 아이들이 심심한 상태를 충분히 만끽할 수 있도록 허용해야 합니다.

엄마가 보기에 아이들이 아무것도 하지 않을 때는 시간을 낭비하고 흘려보내는 것 같습니다. 하지만 아이에게 무료하고 심심한 시간은 새로운 무언가를 하기 위한 준비 상태입니다. 한가함을 느낄 때 아이들은 무엇을 할지 생각하고 탐색합니다. 자신의 일과를 채울 새로운 흥밋거리를 찾아 나섭니다. 책을 읽기도 하고 자유롭게 관심 분야를 찾게 됩니다. 사색에서 기발한 아이디어가 떠오르기도 하고 고민이 해결되기도 해요. 아이가 느긋하게 보낸다고 하여 초조해하지 말고 누릴 수 있도록 해주세요. 아이의 또 다른 모습을 발견할 수 있고 새로운 가능성이 열릴 수 있습니다.

아이가 엄마의 높은 기대를 충족시키기 위해 완벽함을 추구하면 정작 아이 본연의 모습을 잃기 쉽습니다. 완벽해지기 위해 애쓰게 되고 부담감을 가지게 됩니다. 완벽한 존재는 세상에 없어요. 완벽해지라고 아이를 다그치면 오히려 자존감이 떨어집니다. 더 멀리, 더 높이 날기 위해 태양 가까이 날아오르다가 녹아버린 이카로스의 날개처럼 소중한 것을 잃게 됩니다. "완벽하지 않아도 괜찮아." "끝까지 하지 않아도 괜찮아." "모든 걸 다 잘하지 않아도 너만의 장점이 있단다." 엄마가 먼저 욕심을 내려놓고 아이에게서 마음의 짐을 덜어주세요. 아이가 아이답게 지낼 수 있도록, 엄마의 기대가 아닌 자신을 위한 삶을 살 수 있도록 도와주어야 합니다.

실천 TIP 이제는 이렇게 해보세요!

- 완벽주의 성향을 보이는 아이에게는 실수와 실패를 통해 배우는 것임을 깨달을 수 있게 지속적으로 격려하고 알려주세요.
- 아이가 무언가를 할 때 완벽하게 해야 한다는 강박을 내려놓고 도전할 수 있게 용기를 북돋아주세요.
- 아이의 일과에 빈틈을 허용해주세요. 심심한 시간에 아이들은 스스로 생각하게 됩니다.

5

있는 그대로 인정하고 존중한다는 것

MBTI 검사를 해본 적이 있으신가요? MBTI는 심리학자 융의 성격 이론을 바탕으로 만든 성격 유형 검사입니다. 에너지 방향, 인식 기능, 판단 기능, 생활 양식 등 네 가지의 선호 경향에 따라 열여섯 가지의 성격 유형으로 분류돼요. MBTI는 사람의 성향이나 성격적 특성, 행동의 관계를 이해하는 데 도움이 됩니다. MBTI 성격 유형은 좋고 나쁨의 가치 판단을 배제해요. 사람마다 여러 가지 특성이 있으며 각자에게 맞는 방법으로 삶을 살아간다는 것을 알려줍니다. 물론 열여섯 가지 성격 유형만으로 완벽하게 알 순 없지만, MBTI는 체계적으로 아이를 이해하는 데 도움을 줍니다.

아이를 있는 그대로 인정하고 받아들이기

초등학교 1학년 담임을 맡았을 때 또래 아이들보다 발달이 느린 한 여자아이가 있었어요. 아이는 글을 읽지 못해도, 덧셈을 하지 못해도 주눅 드는 기색 없이 씩씩했어요. "세인이 꿈은 뭐야?"라고 물으니 "저는 나비가 되고 싶어요"라며 환하게 웃던 얼굴이 잊히지 않아요. 짝이 친구와 싸워서 속상해하면 "친구야, 내가 지켜줄게. 괜찮아" 하며 다독여주었습니다. 1학기 상담 주간 어머니를 만나 뵙고 아이가 자신의 꿈을 소중히 간직할 수 있었던 해답을 찾았습니다. 어머니는 아이가 비록 성장하는 속도가 더뎌도 조급해하지 않고 작은 성취에도 기뻐하셨어요. 아이의 있는 모습 그대로를 인정하고 존중하는 태도에 크게 감동하고 배웠습니다.

어머니는 "아이와 행복한 시간을 더 많이 보내라고 천진난만한 아이를 보내주셨다"라고 하셨어요. 아이가 세상에 태어나 존재하는 것 자체에 소중함을 느끼고 고마움을 몸소 표현하였습니다. 세인이는 자신이 친구들보다 잘하지 못해도 부족하다고 생각하지 않았어요. 항상 웃는 얼굴로 친구들에게 먼저 다가가고 늘 밝은 모습이었습니다. 자신과 친구를 소중히 여기고 의견을 당차게 얘기하였어요. 아이가 다른 아이에 비해 뒤처진다고 비교하면 엄마의 마음만 괴롭습니다. 엄마가 먼저 아이를 있는 그대로 인정하고 존중하면 아이의 자존감은 저절로 높아집니다.

아이를 있는 그대로 인정하고 받아들이기 위해선 아이를 이해하는 일이 선행되어야 해요. 아이의 성장 속도를 이해하고, 성격이나 기질을 먼저 파악해야 합니다. 아이의 주변 환경뿐만 아니라 인지적 능력과 정서적 특성을 알아야 해요. 엄마의 기준과 잣대에 아이를 맞추어선 안 됩니다. 아이의 마음에 귀를 기울이고 아이의 현재 상태에 집중해야 합니다. 어른의 시선이 아닌 아이의 눈높이로 낮추어야 해요. 몸과 눈을 낮추어 아이와 같은 선상에서 함께 바라볼 때 아이가 눈에 담는 세상을 이해할 수 있습니다. 엄마의 관점이 아닌 아이의 관점에서 바라볼 때 아이를 이해할 수 있어요. 아이를 이해하고 엄마의 욕심과 기대를 내려놓을 때 모두 행복해져요.

현재 내 아이를 이해하기 위해 관심을 가지고 관찰을 하는 것은 중요합니다. 엄마의 관심이 지나치면 객관적으로 아이를 파악하기 힘듭니다. 아이를 자신과 동일시하기 때문에 아이의 편에서 생각하기 어려워요. 관찰할 때 엄마와 아이의 거리는 한 발짝 뒤 정도가 적당합니다. 너무 멀지 않고 아이보다 앞서지 않는 거리가 좋아요. 아이가 엄마의 관찰을 감시로 여기면 자기 모습을 숨기고 싶어 합니다. 아이를 이해하기 위한 관찰이 아이를 판단하고 평가하는 감시가 되어선 안 됩니다.

아이의 새로운 면을 발견하고 있는 그대로 받아들여 주세요. 아이는 서툴고 미숙합니다. 때가 되면 저절로 되는 것도 많습니다.

느긋한 마음으로 기다려주고 아이의 성장을 함께 격려하고 기뻐해주세요.

아이의 행동보다 중요한 것은 아이의 존재 그 자체이다

《미움받을 용기》의 저자 기시미 이치로는 아들러의 육아법을 《엄마가 믿는 만큼 크는 아이》에서 소개하고 있습니다. "아들러는 보통으로 사는 용기라는 말을 했다. 이것은 평범해지라는 의미가 아니라 뛰어날 필요도 없고 나빠질 필요도 없다. 있는 그대로의 자신으로 충분하다고 생각할 수 있는 용기를 가지라는 뜻이다." 아이가 이 세상에 존재하고 있는 것 자체로 충분하고 소중하다는 것입니다. 특별한 행동이나 재능에 의해 아이의 가치가 평가되는 것이 아닙니다.

많은 어른이 아이의 행동에 따라 아이들을 평가하고 판단합니다. 예의 바르게 행동하고 좋은 시험 성적을 받아올 때 엄마는 아이를 칭찬해요. 우리가 돌아보아야 할 것은 아이가 올바르지 못한 행동을 했을 때 엄마의 태도입니다. 버릇없이 행동하거나 기대한 만큼의 성과가 나오지 못했을 때 엄마의 반응 말이죠. 문제 행동을 하는 아이들을 대할 때 엄마는 감정적으로 반응합니다. 상처가 되는 말을 함부로 내뱉고 형제자매 혹은 다른 아이와 비교해요. "누나는 얌전하게 앉아서 잘 먹는데 너는 누굴 닮아서 그렇게 돌아다녀?" "이럴 줄 알았어. 거짓말 한 번만 더 하면 내쫓는다 그랬지!" 아이의 행동으로 아이의 존재에 생채기를 냅니다.

엄마는 아이의 행동이 아이의 존재 자체가 아니라는 점을 인지해야 해요. 아이가 옳지 않은 행동을 한다고 아이의 존재를 부정하고 비난해서는 안 됩니다. 아이의 행동보다 아이의 존재를 우선시해야 해요. 잘할 때만 칭찬하고 너그럽게 대하면 아이는 잘해야만 사랑받을 수 있다고 생각합니다. 적절한 칭찬은 아이를 북돋아주지만 편중되고 과한 칭찬은 아이에게 독이 됩니다. 아이가 자기 존재감을 느끼고 높은 자존감을 가지기 위해선 아이가 바닥을 보일 때도 엄마의 애정을 거두어선 안 됩니다. 형편없는 시험 점수를 받거나 왕따를 시키거나 당할 때, 거짓말을 할 때도 엄마는 아이에게서 등을 돌려선 안 됩니다. 아이의 잘못된 행동은 단호하게 바로잡아야 해요. 하지만 행동과는 별개로 여전히 사랑스럽고 소중한 아이임을 명심해야 합니다.

아이를 있는 그대로 인정하고 존중하는 데는 이유가 없습니다. 존재 자체만으로 소중하고 존중받아야 합니다. 무엇보다 아이가 자신의 있는 모습 그대로 존중받고 있음을 느껴야 해요. 있는 모습 그대로 사랑받는 존재이지 어떤 행동을 해서 사랑받는 것이 아님을 아이 스스로 깨달아야 합니다. 엄마가 먼저 아이의 있는 모습 그대로 수용하고 지지하면 아이도 자신을 있는 그대로 받아들입니다. 자신의 존재를 아끼고 존중하게 됩니다. 특별히 뛰어나거나 나쁜 방식으로 자신을 증명하지 않아도 됨을 느끼고 안심하게 돼요. '보통으로 사는 용기'는 아이 스스로 타인의 기준이나 기대에 부합하지 않아도 됨을 알고 아이 그 자체로 살아가는 용기입니다.

잃어버린 아이의 존재감을 회복하는 법

3학년 때 만난 동수는 장난이 심하고, 관심을 받고자 친구들을 괴롭혔어요. 친구의 물건을 숨기거나 빼앗고, 보드게임을 하는 친구들 옆에서 훼방을 놓았습니다. 친구들을 웃기고자 다른 친구를 놀리는 말을 서슴없이 하였어요. 친구가 만들어놓은 블록이나 레고를 부수거나 친구를 때리고 도망가는 일이 많았습니다. 친구들을 함부로 대하는 동수와 친하게 지내고 싶어 하는 아이들은 없었습니다. 갈등이 있을 때마다 동수를 불러 상담을 했지만 다른 친구 탓하기 바쁜 동수는 잘못을 인정하지 않았습니다. 동수는 자기 존재감을 드러내기 위해 다른 사람을 괴롭히고 장난치는 방법을 택했어요. 친구들에게 관심받는 것은 그때뿐이었거든요.

동수처럼 자기 존재를 다른 사람들에게 보여주기 위해 옳지 못한 방법을 택하는 아이들이 많습니다. 중요한 타인으로부터 따뜻하고 애정 어린 관심을 받지 못한 아이들은 나쁜 아이를 자처합니다. 옳지 않다는 것을 알면서도 자신이 존재함을 느끼기 위해 이런 방식을 선택하게 됩니다. 무관심보다는 낫기 때문이죠. 부적절한 행동을 할 때만 관심을 받으면 아이는 부적절한 행동을 해서라도 자신을 봐주길 바랍니다. 아이가 문제 행동을 보인다면 아이가 엄마의 관심과 사랑을 더 갈구하고 있다는 표시입니다. 자신을 도와달라는 표현이며 더 사랑해달라는 몸부림입니다.

아이를 있는 모습 그대로 존중하고 사랑하는 것은 말처럼 쉽지 않아요. 아무리 엄마가 낳은 아이라고 해도 아이는 엄마와는 또 다른 존재이고 수많은 변수를 가집니다. 학교에 가기 싫어하거나 친구와 잦은 갈등을 일으키는 등 문제 행동을 보이는 아이들은 마음이 닫혀 있어요. 엄마와의 관계가 틀어지거나 소홀해진 경우가 많습니다. 닫힌 아이의 마음을 열기 위해서는 무조건적 허용의 경험이 필요합니다. 엄마와의 관계를 회복하기 위해 일정 기간 아이를 허용해야 해요. 이때 아이는 엄마의 사랑을 느끼고 있는 그대로 받아들여짐을 경험합니다. 엄마로 인해 억눌렸던 마음을 아이가 털어버릴 수 있도록 엄마가 먼저 손을 내밀어야 해요.

아이는 자신이 원하는 것을 엄마가 들어줄 때 사랑받고 있음을 느낍니다. 타인에게 피해를 주거나 자신에게 위험한 행동은 아이에게 이유를 알려주고 단호하게 통제해야 해요. 그 외의 행동에 대해선 최대한 개입을 줄이고 허용의 폭을 늘려야 합니다. 엄마의 기준이나 잣대로 보기에 옳지 않거나 불필요해 보일지라도 기꺼이 받아주어야 해요. 일정 기간 무조건 아이의 욕구를 엄마가 받아주면 엄마와의 관계가 서서히 회복됩니다. 엄마로부터 조건 없는 허용을 경험한 아이들은 새로운 시도를 할 때 주저 없이 실행에 옮기게 됩니다. 허용을 통해 엄마와 자신에 대한 신뢰가 쌓입니다. 자신이 어떤 일을 해도 받아들여짐을 알게 됩니다.

엄마는 아이가 어리더라도 아이의 사생활을 존중해주어야 해요. 아이가 아끼는 물건을 아이에게 허락을 구하지 않고 버려선 안 됩니다. 아이에게도 비밀이 있고 자신만의 사생활이 있어요. 이를 가볍게 여기고 엄마가 꼬치꼬치 캐묻거나 함부로 한다면 아이는 숨기려 듭니다. 거짓말로 감추고 엄마에게 내보이기 꺼려 하고 입을 닫아버려요. 내 아이라고 해서 모든 것을 알 수도 없고 알 필요도 없습니다. 아이는 아이 그대로 인정하고 존중해주어야 합니다. 아무리 엄마라도 선을 지켜야 해요.

아이를 있는 그대로 인정하고 존중하기 위해서 가장 중요한 것은 공감입니다. 공감은 '타인의 상황과 기분을 느낄 수 있는 능력'을 말해요. 엄마가 아이가 되어 아이의 처지에서 생각하고 바라보는 것입니다. 기준을 엄마에게서 아이로 옮겨와야 해요. 엄마로부터 존중받고 공감받은 경험을 한 아이가 다른 사람도 존중하고 공감할 수 있습니다. 자신의 존재감을 먼저 채워야 다른 사람으로 시선을 옮길 수 있어요. 엄마가 아이를 있는 그대로 존중할 때 아이는 그 누구도 아닌 자신을 위해 살아가는 자립적인 사람이 됩니다. 아이가 살아 있음을, 존재함을 감사하고 아이에게 아낌없이 "태어나줘서 고마워"라고 말해주세요.

실천 TIP 이제는 이렇게 해보세요!

- 아이의 존재를 긍정하는 말을 자주 해주세요. "네가 있어서 너무 다행이야. 고마워." "네가 우리 아들(딸)이라서 너무 자랑스러워." 소중함을 표현하는 만큼 아이의 자존감과 자립심이 자랍니다.
- 아이가 초라하고 형편없어 보이는 순간에도 함께해주세요. 아이의 존재는 행동보다 큰 힘을 가집니다. 모두가 등을 돌려도 엄마만큼은 아이의 곁에서 아이 편이 되어주세요.
- 아이의 잘못된 행동에 관해서만 대화를 나누고 바른 행동을 할 수 있도록 지도해주세요. 아이의 존재를 부정하거나 비난해서는 안 됩니다.
- 아이의 존재감이 낮다면 일정 기간 조건 없는 허용을 경험할 수 있도록 해주세요. 엄마와의 관계가 회복되고 아이는 자신을 긍정적으로 바라보게 됩니다.

6

아이의 뇌를 이해하는 순간
아이가 새롭게 보인다

뇌 발달에도 결정적 시기가 있습니다. 학자들은 학습의 황금기라고 할 수 있는 결정적 시기를 태어나서부터 12세까지로 봅니다. 생후 3세부터 뇌는 반복적이고 필요한 시냅스만 남기고 사용하지 않는 시냅스는 가차 없이 쳐내요. 시냅스는 신경 전달 세포인 뉴런이 정보를 주고받는 지점으로 뇌의 연결망이라고 할 수 있습니다. 나무를 가지치기하는 것처럼 우리의 뇌 역시 불필요한 시냅스를 가지치기해 제거합니다. 특히 생후 3년 동안은 뇌의 가지치기가 가장 활발하게 이루어져요. 만 12세 이전의 학습은 단순히 배움의 활동을 넘어 뇌를 만드는 과정입니다. 그래서 이 시기에는 아이들에게 다양한 자극을 주는 것이 중요해요.

우리의 뇌는 어떻게 발달하는가?

인간은 곧 뇌라고 해도 과언이 아닙니다. 뇌는 크게 세 부분으로 나누어져 있어요. 뇌간, 소뇌, 대뇌로 말이죠. 뇌간은 인간의 생명 유지를 위해 필수적인 역할을 담당합니다. 호흡, 심장 운동, 체온 조절 등의 일을 합니다. 뇌간에 문제가 생기면 죽음에 이를 수도 있어요. 뇌간은 파충류 뇌에서 하는 기본 기능과 유사해서 '파충류의 뇌'라고 불리기도 합니다. 소뇌는 주로 근육 운동, 평형 감각 등 신체의 움직임을 조절해요. 그리고 인지 작용과 정서 발달에도 영향을 끼칩니다. 마지막으로 뇌 전체 크기의 90퍼센트를 차지하는 대뇌입니다. 대뇌는 크게 '포유류의 뇌'라 불리는 '대뇌변연계'와 '영장류의 뇌'라 불리는 '대뇌피질'로 나누어볼 수 있습니다.

포유류의 뇌라 불리는 대뇌변연계는 감정과 본능의 원천입니다. 단기 기억을 담당하는 해마와 기쁨, 슬픔, 공포 등 감정을 느끼는 편도체로 이루어집니다. 영장류의 뇌, 인간의 뇌라 불리는 대뇌피질은 이성적 사고, 판단, 충동 조절 등을 담당하고 행복을 느끼게 합니다. 이 중 뇌의 사령탑이라 불리는 전두엽은 인간만이 할 수 있는 높은 수준의 정신 활동을 담당해요.

뇌의 각 부분은 발달하는 속도가 다릅니다. 생명 유지에 중요한 뇌간은 태아일 때 완성되어 세상에 나옵니다. 포유류의 뇌는 사춘기인 초4부터 고3까지 폭발적으로 발달해요. 이 시기에 감정의 뇌가 발달하면서 식욕이 왕성해지고 이성에 눈을 뜨며 감정 기복이 심해집니다.

파충류의 뇌와 포유류의 뇌는 시간이 흐름에 따라 저절로 완성됩니다. 영장류의 뇌는 초4부터 왕성하게 발달하여 평균 27세에 완성됩니다. 성별에 따라 차이가 있는데 남자는 평균 30세, 여자는 24세 때 완성된다고 해요. 과학적으로 입증되지 않았지만, 진화론적 관점에서 볼 때 아이를 출산하고 키워야 하는 여자의 전두엽은 일찍 완성된다는 설이 있어요. 과거 사냥을 담당했던 남자들은 동물적인 감각이 더 중요시되었기에 전두엽보다는 파충류의 뇌가 더 발달한 것이죠. 남자아이들이 축구나 게임에 열광하는 것도 이와 관련이 있다고 합니다.

뇌의 발달 속도로 인해 아이들이 이성적으로 생각하고 행동하기까지는 오랜 시간이 걸립니다. 그래서 아이들에게 "행동하기 전에 생각부터 해야지!" "왜 알면서도 똑바로 못 해?"라고 말하는 것은 걷는 법도 배우기 전에 뛰라고 하는 것과 마찬가지입니다. 어른들은 아직 고차원적 사고 기능이 완전하지 못한 아이들의 뇌를 이해할 필요가 있습니다. 아이들에게 수만 번 얘기해주고 기다려주어야 해요. 아이가 충분히 생각할 수 있는 여유를 한껏 주어야 합니다. 인성과 학습을 좌우하는 전두엽은 경험에 의해 완성되므로 긍정적이고 좋은 경험을 하도록 도와야 해요.

사춘기 아이들의 뇌 제대로 이해하기

많은 학자는 태어나서 생후 3년까지를 뇌 발달의 결정적 시기로 봅니다. 뇌 발달이 75퍼센트 이상 이루어지고 시냅스의 가지치기가 활발히 일어나요. 뇌는 반복적으로 사용하는 시냅스를 중요하다고 여깁니다. 반복적이고 지속적인 경험에 대한 것은 튼튼하고 정교하게 연결해요. 반면 반복적이지 않은 경험은 중요하지 않다고 여기고 가차 없이 잘라버립니다. 생후 36개월 이내에 풍부하고 지속적인 자극을 주는 것이 중요한 이유입니다. 풍부한 자극이라고 하여 값비싼 교구나 장난감을 쥐여주는 것이 아닙니다. 아이가 보내는 신호에 즉각 반응하여 필요한 것을 채워주고 오감을 일깨워주면 충분합니다. 일상에서 스스로 마음껏 탐색할 기회를 제공해주는 것만으로 풍부한 자극을 줄 수 있어요.

생후 36개월 이전에 1차 성장기로 발달한 전두엽은 사춘기를 맞이하면서 업그레이드를 합니다. 더 많은 양의 정보를 처리하기 위해 큰 용량의 전두엽이 필요하기 때문이죠. 1차 성장기에 활성화되지 못한 전두엽이라 하더라도 발달할 수 있는 두 번째 기회를 얻습니다. 사춘기에 적절하고 풍부한 경험을 제공하면 전두엽이 활성화됩니다. 이 시기를 놓치지 않는 것이 매우 중요해요. 사춘기 때는 전두엽에서 집중적으로 가지치기가 일어나 시냅스를 효율적으로 연결하고 잘라냅니다. 이때 자신의 감정을 알고 건강하게 표현하고 조절하는 방법을 배우는 것이 중요해요. 전두엽이 타인과 바르게 상호작용하고 갈등을 해결하는 정보를 기억할 수 있도록 말이죠.

사춘기는 질풍노도의 시기라고 불립니다. 사춘기에는 감정과 본능을 주관하는 포유류의 뇌 대뇌변연계가 전두엽보다 활성화됩니다. 전두엽은 업그레이드를 겪으며 기능이 약화되어 감정과 본능이 이성적 판단을 앞서게 되죠. 식욕과 성욕이 왕성해지며 감수성이 예민해집니다. 중2병이라 불리는 아이들의 과격한 행동도 뇌가 왕성하게 성장하고 있다는 표현입니다. 변연계가 발달하면서 호르몬의 변화를 겪으며 공격성, 분노, 공포 등을 더 잘 느끼게 돼요. 평온한 상태와 거리가 먼 뇌가 됩니다. 특히 행복함을 느끼게 하고 우울함을 낮춰주는 세로토닌이 40퍼센트가량 적게 분비됩니다. 이로 인해 사춘기 아이들은 쉽게 짜증을 내고 우울감을 더 많이 느낀다고 해요.

10대 청소년 다섯 명 중 한 명은 일상생활을 하기 힘들 정도의 정서·행동 불안을 겪는다고 합니다. 그래서 사춘기 아이가 겪는 변화를 이해하고 받아들이는 태도가 엄마에게 필요합니다. 아이의 감정적인 태도와 발달에 의한 변화를 엄마가 애정으로 받아주어야 해요. 아이의 행동보다는 감정에 초점을 맞추어 아이의 감정을 읽어주는 것이 중요합니다. 아이의 분노, 짜증, 우울 등 부정적인 감정을 올바르게 해소할 수 있도록 도와주어야 해요. 특히 지시, 명령, 감시 등에 매우 민감하고 싫어하므로 조언, 권유 등 적절한 코치의 역할을 해주는 것이 좋습니다. 제2의 두뇌 성장기인 만큼 새롭고 다양한 경험을 통해 뇌가 골고루 발달할 수 있도록 해주어야 해요.

독립성을 높이는 우리 아이 뇌 능력 키우는 법

① 손을 많이 움직이면 뇌의 신경망이 정교해집니다

손으로 조작 활동을 많이 하면 뇌가 더욱 정교하게 발달합니다. 손을 움직이면 많은 신경세포가 사용되고 정밀한 정보처리가 필요해져요. 대뇌의 운동 중추 면적의 30퍼센트 정도가 손과 관련이 있습니다. 손 조작 활동이라 하여 거창한 것이 아닙니다. 가위질하기, 종이접기, 젓가락질, 바른 글씨 쓰기 등 일상생활에서 자연스럽게 손으로 할 수 있는 활동이면 됩니다. 되도록 양손을 모두 사용할 수 있도록 하면 좌뇌와 우뇌를 골고루 발달시킬 수 있습니다. 활동이 익숙해지면 뇌를 활성화하는 데 비효과적이므로 새로운 활동과 자극을 꾸준히 제공하는 것이 좋아요.

② 적절한 휴식과 수면이 뇌를 건강하게 합니다

뇌과학적 측면에서 보면 우리의 뇌는 적절한 휴식을 취해야 시냅스 연결이 강화됩니다. 과도하게 많은 정보를 쉴 새 없이 입력하면 뇌에 과부하가 걸립니다. 스트레스로 인해 대뇌피질과 기억을 담당하는 해마가 제 기능을 발휘하지 못합니다. 뇌 속에 있는 '랙 rac 단백질'은 많은 정보가 한꺼번에 입력되면 기억 공간 확보를 위해 이전 기억을 지웁니다. 과도하게 정보가 입력되면 랙 단백질이 많이 분비되고 무엇 하나 제대로 기억하지 못하는 상태가 됩니다. 아이의 효율적인 학습을 위해서는 습득한 것을 소화할 수 있는 여유를 주어야 해요. 뇌는 자는 동안 낮에 경험하고 학습한 것을 복습하고 강화하므로 충분한 수면은 꼭 필요합니다.

③ 좋아하는 일에 도전할 때 전두엽이 활성화됩니다

전두엽의 활성화는 아이의 학습과 인성을 좌우합니다. 인간만이 할 수 있는 고차원적인 사고 활동이 전두엽에서 이루어지기 때문입니다. 계획, 문제 해결, 정서 조절, 자기 성찰 등 인간의 모든 사고와 행동을 전두엽에서 최종적으로 결정합니다. 전두엽은 스스로 선택하고 좋아하는 일을 할 때 가장 강한 자극을 받습니다. 좋아하는 일에 몰입하면 도파민, 세로토닌, 엔도르핀 등이 나와 전두엽을 활성화하고 용량을 늘려줍니다. 도파민은 도전에 성공하거나 성취했을 때 폭발적으로 분비됩니다. 자신이 좋아하고 스스로 선택한 것일수록 성취감이 큽니다. 좋아하는 일을 할 때 감정의 자극이 극대화되고 뇌가 잘 기억하게 됩니다. 뇌의 기능을 효과적으로 높일 수 있습니다.

④ 뇌가 배우는 원리를 알면 학습 효과를 높일 수 있습니다

책상에 앉아서만 하는 공부는 비효율적이고 집중력도 떨어집니다. 뇌는 단조로운 자극을 싫어합니다. 뇌는 새로운 환경 자극과 돌발적인 상황에 반응하고 활성화됩니다. 새롭고 돌발적인 자극은 생각보다 단순합니다. 가보지 않은 길로 산책하기, 새로운 교통수단을 이용하기, 색다른 요리하기 등 일상에서 충분히 경험할 수 있어요. 단순히 문제집을 풀고 책만 읽는 것보다 오감을 자극하는 다양한 경험이 뇌를 자극하고 학습 효과를 높입니다. 주말만큼은 미술관, 공원, 공연장 등 아이에게 다양한 환경 자극을 줄 수 있는 장소에서 마음껏 세상을 배우도록 해주세요.

우리의 뇌는 단계적으로 발달하며 생후 3세까지의 제1성장기와 청소년기의 제2성장기를 가집니다. 무엇이든 지나치면 독이 됩니다. 뇌의 발달을 무시한 지나친 조기교육은 아이에게 스트레스를 주어 뇌를 손상시킬 수 있어요. 뇌의 신경회로가 견고해지기 전에 선행 학습을 과하게 시키면 아이는 좌절과 실패를 겪기 쉽습니다. 이러한 부정적인 경험은 아이들에게 학습에 대한 부정적인 태도를 보이게 만듭니다. 그래서 학습을 회피하거나 학습 의욕을 잃고 무기력에 빠지게 됩니다. 뇌 활동의 본질은 자발성입니다. 스스

로 선택했을 때 뇌는 기쁨을 느낍니다. 아이의 뇌를 바르게 이해하고 엄마가 뒷받침해줄 때 아이는 창조적으로 사고하고 독립적으로 살아갈 수 있습니다.

실천 TIP 이제는 이렇게 해보세요!

- 사춘기(초4~고3)에 뇌는 제2의 성장기를 맞이합니다. 전두엽의 확장 공사로 인해 포유류의 뇌인 대뇌변연계가 활성화되고 이로 인해 감수성이 예민하고 감정 기복이 커집니다. 이때는 아이의 행동보다는 감정에 초점을 맞추고 아이의 마음을 이해해주어야 해요. 전두엽이 완성된 어른과 아이를 동일시해 다그치면 안 됩니다. 아이에게 감정 조절하는 법을 가르쳐주세요.
- 아이에게 새롭고 다양한 환경 자극과 경험을 제공하면 뇌는 세상을 더 빨리 배우고 깊게 생각해요. 적절한 휴식과 수면은 뇌의 시냅스 연결을 더욱 견고하게 합니다. 자신이 좋아하는 일을 선택하고 도전하고 성취할 때 뇌에서 도파민이 분비되어 학습이 강화됩니다. 아이의 뇌에서 꾸준히 도파민이 분비될 수 있도록 엄마가 적극적으로 지원해주세요.

7

엄마가 불안하면 아이도 불안하다

엄마가 아이에게 주어야 하는 가장 중요한 정서는 무엇일까요? 바로 안정감입니다. 엄마는 아이의 신체적·정신적 안전지대가 되어주어야 합니다. 모두가 아이에게서 등을 돌려도 엄마만은 아이의 편이 되어주어야 해요.

엄마가 세상의 잣대에 흔들리고 타인의 시선에 흔들리며 불안해하면 아이 역시 흔들리게 됩니다. 엄마의 마음에 걱정과 불안이 가득 차면 아이도 확신을 가질 수 없습니다. 엄마가 정서적으로 안정되어야 아이도 걱정과 불안을 내려놓게 됩니다. 엄마가 먼저 흔들리지 않게 단단히 뿌리를 내려 아이를 잡아줄 때 아이 또한 자신만의 뿌리를 단단하게 내릴 수 있어요.

엄마가 불안하면 아이도 불안하다

초등학교 6학년 때 만난 광희의 어머니께서 광희가 중학교 2학년이 되었을 무렵 전화를 하셨습니다. 광희는 성적도 전교 상위권이고 교육청 주관 영재 수업을 들을 정도로 우등생이었습니다.

그런데 중학교에 가서는 성적은 자꾸 떨어지고 광희와 갈등만 잦아져서 걱정이라고 하셨습니다. 더 좋은 학원에 등록하고 과외 선생님도 구해보았지만, 소용이 없었습니다. "내가 너 좋은 대학 가라고 있는 돈 없는 돈 다 쏟아붓고 있는데 이래서 되겠어?" 답답한 마음에 아이에게 모진 말로 다그치게 되고 감정의 골만 깊어졌다고 합니다.

광희 어머니는 광희가 초등학생 때부터 다른 부모님에 비해 성적에 대한 불안이 컸습니다. 아이가 아파 조퇴하려고 해도 학교 수업을 다 마친 후 집에 보내달라고 하셨어요. 어머니가 원하는 만큼 성적이 나오지 않으면 다른 아이들에게 뒤처질까, 따라잡힐까 늘 불안해하셨습니다.

이렇게 아이의 공부, 성적만 중요시하면 정작 아이의 마음은 뒷전으로 돌리게 됩니다. 아이가 어떤 마음인지 들여다볼 여유가 없습니다. 사춘기를 겪을 틈도 주지 않고 아이를 다그치고 몰아붙이게 됩니다. 엄마로부터 정서적 보살핌을 받지 못한 아이의 마음에는 반항심이 싹트게 됩니다. 엄마로부터 안정감을 느끼지 못하니 엄마와 점점 멀어지게 되죠.

엄마의 걱정과 불안이 앞서 사사건건 아이에게 간섭하게 되면 아이는 절대 공부에 집중할 수 없습니다. 엄마의 불안이 크면 아이는 엄마의 불안과 간섭을 처리하는 데 에너지를 다 쓰게 되어 다른 곳에 쓸 에너지가 없게 됩니다. 정신적으로 불안정한 사람은 사용하는 에너지가 더 큽니다. 걱정과 불안으로 몸과 마음이 경직되고 신진대사가 빨라집니다. 사용되는 에너지가 많을수록 쉽게 피로해지고 짜증을 내게 됩니다. 아이가 공부에 집중하고 마음이 안정되기 위해선 엄마의 마음부터 다스려야 해요. 엄마의 불안은 아이에게 고스란히 전해지기 때문입니다.

엄마의 걱정과 불안은 하루 이틀의 일이 아닙니다. 아이는 습관처럼 엄마의 불안과 조바심에 시달리게 됩니다. 아이는 자신을 믿지 못하고 불안해집니다. 엄마의 걱정처럼 될까 봐, 엄마의 기대를 충족시키지 못할까 봐 전전긍긍하게 됩니다. 아이에게서 문제를 찾기 전에 엄마는 자신의 마음부터 돌아보아야 해요. 일어나지도 않은 일에 지나치게 걱정하고 있지 않은지, 불안함을 이기지 못하고 아이의 일에 사사건건 간섭하지 않았는지 말입니다. 엄마의 불안이 아이를 옥죄지 않도록 엄마는 상황을 객관적으로 바라보고 욕심과 불안을 내려놓아야 해요.

완벽한 엄마일수록 불안하다

초등학교 입학을 앞둔 자녀가 있는 제 친구는 완벽주의 성향을 가지고 있었어요. 고등학교 시절부터 철저한 관리로 전교 석차를 유지하고 명문대에 입학했습니다. 여행을 갈 때마저 모든 정보를 엑셀로 정리하고 분 단위로 일정을 세웠습니다. 친구의 이런 지나친 완벽주의 성향은 육아에서도 나타났어요. 아이의 이유식, 교구부터 하나하나 꼼꼼하게 살펴보고 최상의 것으로 준비하였습니다. 좋은 유치원에 가기 위해 이사도 여러 번 했습니다. 조기교육이 중요하다며 한글을 쓰기도 전에 영어를 시작했고 주말마다 다양한 체험 활동을 위해 아이를 쉼 없이 끌고 다녔습니다. 아이가 엄마 욕심만큼 못 따라오면 다그치고 짜증 내는 일이 많아졌어요. 아이가 또래에 비해 높은 수준을 보여도 언제가 다른 아이에게 따라잡힐까 전전긍긍하였어요.

열심히 하는 엄마일수록 더욱 불안합니다. 방향을 잘못 잡은 것은 아닌지, 지금의 선택이 옳은 것인지 걱정하고 불안해하죠. 아이에게 좋은 것을 주고 싶은 욕심만큼 불안해집니다. 특히나 완벽주의 성향을 지닌 엄마라면 기질적으로 불안감이 더 높을 수 있습니다. 완벽주의 성향을 지닌 엄마는 예측하지 못한 상황이 발생하거나 계획이 틀어지는 것을 견디지 못합니다. 아이는 우리의 예상보다 더 많은 변수를 가진 존재입니다. 엄마의 뜻대로 잘 따라와 주면 좋겠지만 엄마 마음 같지 않은 아이가 불안 그 자체가 될 수도 있습니다.

아이는 엄마라는 단단한 땅을 딛고 일어서는 존재입니다. 이런 엄마가 흔들린다면 아이는 어떨까요? 두 발을 내딛는 것부터 두려워집니다. 단단한 대지를 딛고 머나먼 길을 헤쳐나가야 하는데, 앞길을 주저하게 됩니다. 엄마의 불안은 아이에게 고스란히 전달됩니다. 아이도 엄마만큼 걱정이 앞서고 두려움이 커집니다. 엄마를 자꾸 불안하게 만드는 자기 존재를 자책하게 됩니다. 아이보다 더 아이를 믿어야 하는 엄마가 아이를 믿지 못하면 아이는 자신을 의심하고 신뢰하지 못합니다. 너무 완벽한 엄마 아래서 자란 아이는 실수나 실패에 대한 두려움이 극대화됩니다. 엄마를 뛰어넘을 생각도 하지 못한 채 엄마 그늘 밑에서 무기력하게 지내게 됩니다.

아이를 사랑하는 만큼 불안한 마음이 생기는 것은 당연합니다. 잘하려는 마음이 크기 때문에 불안해집니다. 예측 불가능한 하루하루를 살아내며 아이가 더 나은 환경에서 살아가길 바라는 것이 엄마 마음입니다. 기대가 큰 만큼 실망도 커집니다. 그러나 아이에 대한 지나친 기대를 내려놓고 아이 자체를 먼저 바라보고 인정해주어야 합니다. 불안이 넘쳐 아이에게까지 흘러가지 않도록 불안을 인정하고 내려놓는 연습을 해야 하죠. 엄마가 불안을 내려놓고 아이와 마주할 때 아이는 더없는 안정감을 느낍니다. 내가 있을 곳, 언제든 돌아올 수 있는 곳이 엄마 품이라는 것을 깨닫습니다.

불안을 내려놓는 법

직업심리학 분야의 대가인 스탠퍼드대학의 존 크럼볼츠John Krumboltz 교수는 비즈니스맨들을 대상으로 성공에 대해 조사하였습니다. 그 결과 성공한 사람 중 자신의 계획대로 성공한 경우는 20퍼센트에 그쳤고 나머지 80퍼센트는 예기치 않는 귀인을 만나거나 우연한 사건으로 성공을 거두었나는 우연 이론을 발표하였어요. 진로 발달에 있어 예측하지 못한 일들은 일어나기 마련인데 이러한 우연이 긍정적으로 작용할 때 이를 '계획된 우연'이라 합니다. 즉 대부분의 성공은 우연에 의해 결정되며 우연한 기회를 성공으로 만들어가는 게 중요하다는 것이죠.

크럼볼츠의 '계획된 우연'이 시사하는 바는 철저하게 계획된 완벽한 성공은 드물다는 것입니다. 오랜 시간 계획하며 스스로 준비한 후 우연처럼 다가온 기회를 잡아야 성공으로 갈 수 있습니다. 그는 '계획된 우연'을 자기 삶으로 끌어들여 성공으로 만들기 위해서는 다섯 가지 태도가 중요하다고 말하였습니다. 호기심, 인내심, 융통성, 낙관적 태도, 위험 감수입니다. 흥미와 적성에 맞는 진로를 찾는 것도 중요하지만 무수히 다가오는 우연을 대하는 태도를 배우는 것이 훨씬 더 중요하다는 것입니다. 이러한 '우연'은 무한한 가능성을 가지고 있기 때문이에요.

엄마가 매사 불안해하며 전전긍긍하면 아이가 이러한 태도를 배울 수 없습니다. 엄마부터 심리적 유연함을 가져야 해요. 좁은 시야로 현재 앞가림에만 급급하다 보면 더 중요한 것을 놓치기 쉽습니다. 희망하던 유치원에 떨어져 낙담하거나 시험 점수에 일희일비하는 태도를 내려놓아야 해요. 새로운 기회가 올 것이라는 낙관적인 태도와 기다릴 줄 아는 인내심이 필요합니다. 아이는 엄마를 보며 배웁니다. 엄마가 자신이 불안한 이유를 객관적으로 들여다보고 이를 내려놓을 수 있어야 해요.

엄마가 불안을 가지는 이유는 크게 세 가지로 나눠볼 수 있습니다. 첫 번째, 상황으로 인한 불안입니다. 맞벌이, 이혼 등 여러 상황으로 인해 불안하다면 스스로 해결하려 하기보다 도움을 요청하는 것이 좋아요. 아이와 솔직하게 대화를 나눠보거나 학교 선생님이나 가족에게 도움을 요청해볼 수도 있습니다. 두 번째, 완벽주의 성향으로 인한 불안입니다. 이 경우 불안을 느끼는 상황을 목록으로 작성해보고 우선순위를 정해보면 도움이 됩니다. 심리적 유연함을 기르기 위해 비교적 덜 중요한 것은 아이가 스스로 해보도록 하거나 더 중요한 것에 집중해야 합니다. 마지막으로, 아이에 대한 신뢰가 부족한 경우입니다. 아이를 있는 그대로 인정하고 기대를 낮추어 아이의 속도로 맞춰가는 엄마의 노력이 필요해요. 아이는 더디지만 꾸준히 성장합니다.

'지금 잘하고 있는 게 맞을까?' '이렇게만 해도 괜찮을까?' 엄마가 처음인 엄마는 끊임없이 의구심이 들고 불안해집니다. 다른 가정은 더 앞서나가 있는 것 같아 자꾸만 비교하게 되죠. 이미 넘치는데도 부족한 것이 없나 더 해주려 애쓰게 됩니다. 육아의 목표는 자립입니다. 아이가 스스로 두 발로 딛고 걸을 때부터는 놓아주는 연습을 꾸준히 해야 합니다. 엄마 곁을 떠나 자신의 인생을 찾아 떠나는 아이의 여정을 지켜볼 때 불안할 수밖에 없습니다. 엄마는 불안을 견디고 묵묵히 아이와 함께 나아가야 합니다. 엄마가 불안을 내려놓는 만큼 아이는 심리적 안정감을 느끼게 됩니다. 자립심이 자라고 자기 정체성을 찾게 됩니다. 잊지 마세요. 흔들리지 않는 엄마 품만큼 안전한 곳은 없다는 걸.

실천 TIP 이제는 이렇게 해보세요!

- 엄마의 불안은 아이에게 전달됩니다. 엄마가 불안한 만큼 아이도 흔들립니다. 엄마가 먼저 의연하고 긍정적인 태도를 보여주세요. 아이는 엄마를 보며 배웁니다.
- 자신이 불안한 이유를 먼저 객관화해야 합니다. 불안한 이유를 파악하고 주변에 도움을 요청해보세요. 엄마의 마음이 안정되어야 아이도 심리적 안정감을 느낍니다.
- 완벽한 것은 세상에 없습니다. 완벽주의 성향의 엄마라 하더라도 아이에게 완벽을 강요해서는 안 됩니다. 아이를 있는 그대로 인정하고 기대를 낮추어야 합니다. 아이의 존재에 감사하는 마음을 가져야 합니다.

4장

자기 주도적인 아이들의 세 번째 조건: 아이가 스스로 조절하는 만큼

1

자신을 믿는 아이,
자신을 믿지 못하는 아이

아이는 기본적으로 자신이 잘할 수 있다는 것을 자랑하고 싶어 합니다. 100점 맞은 시험지를 집에 가져가도 되냐며 조용히 선생님을 찾아와서 물어봅니다. 직접 만든 작품이나 그린 그림도 어김없이 집으로 가져갑니다. 자전거를 혼자 탈 수 있게 되었을 때, 레고나 블록으로 멋진 작품을 만들었을 때, 새로운 능력을 습득할 때마다 아이는 엄마에게 보여주고 인정받고 싶어 해요. 자신의 성장을 엄마에게 보여주고 엄마가 기뻐해주기를 원합니다. 이때 엄마의 태도가 참 중요합니다. 아이의 노력과 성장을 함께 기뻐하고 칭찬해준다면 아이는 스스로에 대한 믿음을 단단히 다져갑니다.

‘나는 해낼 수 있어’라고 믿는 마음, 자기 효능감

자기 효능감은 사회 인지 학습의 창시자이자 저명한 심리학자인 앨버트 반두라Alber Bandura가 주장한 개념입니다. 자신이 어떤 일을 성공적으로 수행할 수 있다고 믿는 기대와 신념이 자기 효능감입니다. 어떤 과제나 일을 수행할 때 ‘나는 잘할 수 있다’라고 믿는 굳건한 마음입니다. 자신을 있는 그대로 받아들이고 존중하는 자존감과는 차이가 있습니다. 자기 효능감은 한 개인이 쏟는 노력의 모든 영역에 영향을 미칩니다. 자기 능력에 대한 믿음이 노력의 연료로 쓰여 도전의 원동력이 됩니다.

자기 효능감이 낮으면 자기 능력에 대한 확신이 없으므로 새로운 도전을 꺼리게 됩니다. 실패에 대한 두려움이 크고, 실패하면 좌절해버리고 맙니다. ‘나는 이 정도밖에 안 돼.’ 자신의 한계를 쉽게 설정하고 안주합니다. 자신이 해낼 수 있다는 믿음이 부족하기에 스트레스나 불안을 다루는 것도 버거워합니다. 상황에서 오는 긴장과 불안감이 크기 때문에 제 실력을 발휘하기 어렵습니다. 이들은 실패의 원인을 자기 능력 부족에서 찾습니다. 수학 시험을 망쳤을 때 시험의 난이도를 고려하지 않고 ‘나는 수학을 못해’라며 단정 지어버립니다.

자기 효능감이 높은 사람은 어떤 특징을 가질까요? 자기 효능감이 높으면 실패를 겪어도 쉽게 위축되지 않습니다. 다른 사람의 평가나 기준에 흔들리지 않고 자신을 믿고 나아갑니다. 자기 능력을 믿기에 자신의 성공을 의심하지 않습니다. 실패를 겪는다고 하더라도 좌절하지 않고 성공으로 나아가기 위한 발판으로 삼습니다. 도전적이고 어려운 목표 앞에서도 주눅 들지 않고 자신이 할 수 있는 것부터 찾아 실행에 옮겨요. 이들은 실패할 때 자기 능력보다는 객관적 요인에서 원인을 찾습니다. 노력의 부족이나 상황의 문제로 여기기 때문에 쉽게 포기하지 않습니다.

하지만 혼자 힘으로는 자기 효능감을 가지기 어렵습니다. 자기 효능감은 타인과의 긍정적인 상호작용에서 나옵니다. 자기 효능감은 타고나는 것이 아니라 타인이 바라보는 나를 인식하며 길러집니다. "근사한 이층집을 그렸구나." "오늘 장난감 정리를 잘했구나"와 같은 인정이나 칭찬이 무엇보다 중요합니다. 칭찬을 꾸준하게 받으면 아이는 스스로 충분히 잘하고 있으며 칭찬받을 만한 괜찮은 존재로 여깁니다. 어린 시절부터 차곡차곡 쌓아온 긍정적인 자기 이미지가 자기 효능감의 밑바탕이 됩니다. 그래서 자기 효능감을 키우기 위해선 엄마의 인정과 칭찬이 꼭 필요합니다.

자신을 믿고 끊임없이 도전하여 성공한 사람들

세계적인 부자로 손꼽히는 마이크로소프트 창업주 빌 게이츠는 자신의 무한한 가능성을 믿고 나아간 사람입니다. 천재 소년이라 불리며 중학생 때부터 컴퓨터에 미쳐 있던 그는 하버드대학을 휴학하고 폴 앨런Paul Allen과 함께 마이크로소프트를 공동 창업합니다. 어린 나이에 큰 성공을 거머쥘 수 있었던 것은 자신의 성공에 대한 확고한 신념이 있었기 때문입니다. 비록 시작은 무모하고 황당한 꿈처럼 보였지만 그는 자신에게 온 기회를 놓치지 않았습니다. 도전에 주저함이 없었고 이뤄낼 수 있다는 믿음을 현실로 이루었어요.

"결과만 놓고 보면 마이크로소프트의 성공은 예정돼 있던 것이라 믿기 쉽다. 하지만 성공에 대한 아무런 보장이 없던 시절 엄청난 모험을 감행했을 때, 대부분 사람은 우리를 비웃었다. 우리 역시 개인용 컴퓨터가 정확히 어떤 용도로 쓰이게 될지는 알지 못했다. 하지만 우리는 그것이 우리와 업계 전체를 변화시킬 것이라고 믿었다. 초기에 모험을 거부하면, 나중에 시장에서 도태된다. 하지만 크게 걸면, 모험 중 일부만 성공하더라도 미래가 보장된다." 이렇듯 빌 게이츠는 불확실성 속에서도 자기 능력을 믿고 도전하여 쾌거를 이루었습니다.

코로나 시대에 전 세계 사람들이 가장 많이 찾은 서비스는 아마 넷플릭스가 아닐까요. K-좀비로 유명해진 〈킹덤〉과 〈오징어 게임〉 열풍으로 한국의 위상을 드높여준 넷플릭스의 창업자 마크 랜돌프는 서른일곱 살에 DVD 대여 사업을 시작하였습니다. 그의 부인은 그가 사업을 하겠다고 했을 때, "절대 성공하지 못할 거야"라고 말했다고 합니다. 하지만 그는 마흔일곱 살에 넷플릭스 스트리밍 서비스를 시작하여 전 세계 구독자를 2억 명 넘게 보유한 기업으로 성장시킵니다. 주변의 잣대보다는 자신의 능력을 믿고 나아간 결과이죠.

마크 랜돌프는 이렇게 말하였습니다. "아무도 모른다. 인생사, 창업, 결혼, 건강, 육아 등 인생의 모든 것들은 아무도 모른다. 그러니 해보자. 안 해보고 후회하지 말고 해보고 되게끔 만들어보자." 그는 다른 사람의 기준이나 시선에 얽매이지 않고 도전에만 집중하였습니다. 도전에 늦은 나이란 없다는 것을 몸소 보여주었습니다.

많은 사람이 현실과 나이 앞에 자신의 꿈을 포기하고 현재에 머무릅니다. 자기 효능감은 단지 아이들에게만 중요한 것이 아닙니다. 지금의 나는 충분히 이룰 수 있고 할 수 있다는 믿음은 어른에게도 중요합니다. 인생은 끊임없는 선택과 도전의 연속입니다. "장애물을 만났다고 반드시 멈춰야 하는 건 아니다. 벽에 부딪힌다면 돌아서서 포기하지 말라. 어떻게 벽에 오를지, 벽을 뚫고 나갈 수 있을지, 또 돌아갈 방법은 없는지 생각하라." 농구 황제 마이클 조던이 남긴 이 명언처럼 자기 효능감이 높은 사람은 자신을 믿고 돌파구를 찾습니다.

우리 아이 자기 효능감 높이는 법

학교에서는 수학만큼이나 영어를 포기한 아이를 많이 만나게 됩니다. 어렸을 때부터 영어를 일찍 접한 아이와 초등 3학년부터 시작하는 아이는 확연한 차이가 있습니다. 수학만큼이나 수준 차이가 크게 나는 과목이 영어죠. 알파벳 소문자와 대문자를 제대로 익히지 못한 아이들, 기초 단어를 듣고도 문자로 찾지 못하는 아이들. 주 두세 시간의 수업으로는 수준을 좁히기 턱없이 부족합니다. 무엇보다 "저는 영어 못해요" "어차피 공부해도 몰라요"라고 하며 포기해버리는 아이들은 의지가 없습니다. 영어를 포기한 아이들은 대부분 전 과목에서 낮은 성취를 보이며 매사에 무기력한 태도를 보입니다.

수포자(수학을 포기한 사람), 영포자(영어를 포기한 사람) 아이들은 점점 포기하는 것이 많아집니다. 자기 능력에 대한 확신과 믿음이 없기에 일찌감치 체념해버려요. 노력하지도 않고 도전하지도 않습니다. 학습된 무기력에 빠져버린 겁니다. 하지만 자기 효능감은 결코 타고나는 것이 아닙니다. 교육이나 훈련을 통해 향상시킬 수 있습니다. 자기 효능감을 키우기 위한 가장 효과적인 방법은 작은 성공 경험을 통해 성취감을 느끼는 것입니다. 작은 성공 경험들이 모이면 자기 능력에 대한 믿음을 단계적으로 확장시켜 도전에 대한 기대감을 불어넣습니다.

작은 성공을 많이 하기 위해선 목표를 너무 높게 설정하면 안 됩니다. 아이가 충분히 해낼 수 있는 목표를 설정하는 것이 중요해요. 현재 수준과 발달 단계를 고려하여 조금만 노력하면 충분히 달성할 수 있는 목표를 세워야 합니다. 또래 수준이나 학교 진도가 아니라 우리 아이에게 맞는 목표를 설정해야 해요. 아이가 노력을 통해 목표를 달성하면 아이의 노력을 충분히 인정해주고 칭찬해주어야 합니다. 이때 "넌 머리가 좋아서 하면 된다니까"라며 아이의 지능을 칭찬해주기보다는 "열심히 노력한 만큼 해냈구나. 대단해"라며 노력과 과정을 칭찬해주어야 합니다.

자기 효능감을 키우기 위한 또 다른 방법은 다른 사람의 성공을 간접 경험하는 것입니다. 아이와 비슷한 어려움을 겪고 있는 사람이나 실패에도 굴하지 않고 극복한 성공 사례를 들려주세요. 어려움을 극복하고 성공하는 모습을 보며 '나도 노력하면 해낼 수 있어'라고 생각하게 됩니다. 이런 과정을 통해 자기 효능감이 높아집니다. 주의할 점은 다른 사람들의 성공 사례를 간접 경험하되 비교하는 것은 절대 금물입니다. "너희 형은 공부하면 금방 성적 오르던데 너는 왜 그 모양이니?"와 같은 비교는 부정적으로 작용합니다.

아이는 살면서 수없이 많은 벽에 부딪히고 실패를 겪습니다. 이때 장애물에 휩쓸리지 않고 단단히 나아가기 위해선 스스로 해낼 수 있다고 믿는 굳건한 마음이 필요합니다. 아이가 스스로 자기 능력을 믿고 확신하기 위해선 엄마의 끊임없는 지지와 격려가 필요해요. 스스로 해볼 기회와 작은 성공 경험, 긍정적인 이미지 형성을 위한 칭찬. 엄마의 지속적인 북돋음을 받은 아이만이 스스로 자기 능력을 굳건하게 믿고 도전할 수 있습니다. '내가 할 수 있을까?' 흔들리는 아이에게 반복해서 말해주세요. "너는 충분히 할 수 있어. 스스로 믿고 나아간다면 결국 너만의 방식으로 꿈을 이룰 거야."

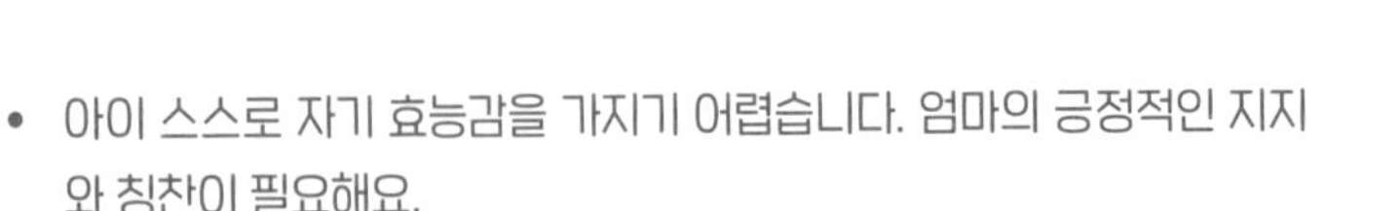

실천 TIP 이제는 이렇게 해보세요!

- 아이 스스로 자기 효능감을 가지기 어렵습니다. 엄마의 긍정적인 지지와 칭찬이 필요해요.
- 작은 성공 경험을 많이 한 아이는 자기 효능감이 높습니다. 작은 성공 경험을 하기 위해선 아이 수준을 고려한 적절한 목표를 세워야 합니다.
- 칭찬할 때는 아이의 지능과 결과에 초점을 맞추기보다는 과정과 노력에 초점을 맞추어 칭찬해야 합니다.

2

놀이는 엄마가 생각하는 것보다 훨씬 아이에게 중요하다

우리 아이들은 언제 가장 행복하다고 느낄까요? 바로 신나게 놀 때입니다. 놀이터에서 친구들과 마음껏 뛰어놀 때 가장 행복해 합니다. 어릴 때는 놀이 자체가 일상이며 생활의 목적입니다. 오로지 놀기 위해서 일어나고, 놀고 싶어서 잠드는 것조차 아까워합니다. 상담 중에 학부모님들이 가장 많이 하시는 말씀은 "우리 아이가 너무 노는 것만 좋아해서 걱정이에요"입니다. 그런데 아이들이 놀기를 좋아하는 것은 당연한 일입니다. 제대로 놀 줄 아는 아이가 자기 조절력이 높고 대인 관계 능력도 뛰어납니다. 엄마들은 꼭 기억해야 합니다. 아이들은 놀면서 성장하고 놀면서 배운다는 것을요.

요즘 아이들, 놀이 시간이 턱없이 부족하다

"선생님, 쉬는 시간은 왜 이렇게 짧아요?!" 쉬는 시간 10분이 끝나면 아이들이 원망하듯 묻습니다. "학교는 공부하는 곳이라 그래. 수업 마치고 많이 놀아." "학교 마치면 더 못 놀아요. 방과 후 영어랑 컴퓨터 갔다가 태권도랑 미술 학원 가야 해요." "그럼 주말에 노는 건 어때?" "코로나라서 질대 밖에 나가지 말래요." "주말에도 영재 수업 가고 학습지 선생님 오세요."

학년이 올라갈수록 아이들이 맘 놓고 놀 수 있는 시간이 점점 줄어듭니다. 수업이 끝난 후의 운동장은 황량하기까지 합니다. 아이들은 친구와 놀기 위해 학원에 다니기도 합니다. 주말에는 집에서 보내거나 또 다른 일정으로 바쁘게 움직여야 합니다.

제가 어렸을 적만 해도 하교 후에는 운동장에서 시간을 보내는 아이들이 대부분이었습니다. 저녁때 엄마가 밥 먹으라고 부르기 전까지는 내내 친구들과 함께였습니다. 콩주머니 놀이, 고무줄 놀이, 모래 놀이 등 별것 없이도 시간 가는 줄 모르고 놀았어요. 그런데 요즘 아이들은 놀 줄 모릅니다. 친구들과 모여서도 휴대폰으로 게임하는 것이 고작입니다. 짧은 동영상을 찍거나 유튜브 영상을 같이 보며 시간을 보냅니다. 놀이다운 놀이를 하지 않아요. 안전 문제, 치안 문제로 아이들은 점점 놀 거리, 놀 사람, 놀 장소를 잃어갑니다. 유치원이나 학교 쉬는 시간에 친구들과 놀 수 있지만,

아이들을 충족시키기엔 턱없이 부족합니다.

이화여대 유아교육과 교수로 이화어린이연구원 원장을 맡고 있는 박은혜 교수는 "놀이는 어떤 어려운 일을 하다가 잠깐 주어지는 휴식이 되어서는 안 된다. 상당히 긴 기간 동안 아이들이 계획하고 준비하고 역할에 대한 것을 맞추고 이야기를 개발할 수 있도록 충분한 놀이 시간을 한꺼번에 주는 것이 바람직하다"라고 하였습니다. 아이가 실컷 놀았다고 생각할 만큼 충분한 시간이어야 해요. 최소 한 시간 이상 지속되는 것이 가장 좋습니다. 자기 세계에 흠뻑 빠져 상상을 마음껏 펼치며 놀 때 아이들은 자신이 무엇을 좋아하고 잘하는지 알게 됩니다.

아이들은 놀이를 통해 세상을 배웁니다. 놀이를 통해 건강하게 성장하려면 아이들에게 놀 장소, 놀 시간, 놀 거리를 주어야 합니다. 마음껏 뛰어놀 수 있는 곳이 필요해요. 놀이터, 공원 등을 가기가 여의찮다면 아이들이 원 없이 어질러도 되는 장소가 필요합니다. 자투리 시간, 잠시 짬을 내어 노는 시간이 아니라 온전히 놀이에 집중할 수 있는 시간이 있어야 해요. 마지막으로 아이들의 호기심과 창의력을 키울 수 있는 놀 거리가 필요합니다. 값비싼 놀이 교구보다는 상상력을 자극하는 자연물이 좋아요. 아이가 다칠까 봐 지나치게 간섭하고 제지하면 아이는 놀이에 몰입할 수가 없습니다. 놀이에 흠뻑 빠질 수 있도록 엄마는 지켜봐 주는 것으로 충분합니다.

놀이의 중요성

EBS 〈학교의 고백: 제9부 놀면서 배우는 아이〉에서는 놀이와 관련된 실험을 합니다. 유치원 아이들을 데리고 도시에서 캠핑을 체험해볼 수 있는 이색 캠핑장에 가서 기억력 테스트를 하였어요. 실험 전 간단한 기억력 테스트를 한 후 비슷한 인지 능력을 가진 아이들을 교사 설명팀과 자유 놀이팀으로 나누었습니다. 교사 설명팀에서는 교사가 캠핑장 안에 어떤 물건이 있는지 설명했고, 자유 놀이팀에서는 아이들이 자유롭게 탐색하도록 하였어요. 몇 시간 후 캠핑장에 있던 물건들을 여러 사진 중에서 찾아내는 기억력 테스트를 다시 실시하였습니다. 결과는 어땠을까요? 교사 설명팀은 평균 1.6을, 자유 놀이팀은 평균 9.25를 기록했습니다.

실험 결과에 따르면 놀이를 통해 직접 만지고 경험한 기억은 설명을 듣는 것보다 여섯 배나 오래 갔어요. 교사 설명팀의 아이들은 캠핑장에서 본 물건들을 기억할 필요성을 잘 느끼지 못했습니다. 자기와의 연관성이 전혀 없기 때문이죠. 자유 놀이팀의 아이들은 놀이를 하기 위해 캠핑 물건들이 필요했습니다. 어떤 물건을 사용할지 스스로 탐색하고 만졌기 때문에 오래 기억할 수 있었어요. 즉 자유 놀이팀 아이들은 놀이에 몰두해 주도적으로 배우며 즐거움을 느꼈습니다. 교사 설명팀은 교사의 일방적인 설명을 수동적으로 받아들이기 때문에 기억의 필요성을 느끼지 못했어요.

전두엽이 가장 활성화되고 뇌가 가장 자극받는 순간은 좋아하는 것을 할 때입니다. 아이들이 가장 좋아하고 하고 싶은 것은 바로 놀이입니다. 아이들은 놀이를 할 때 몰입의 정점에 도달합니다. 하고 싶은 것을 마음껏 하게 해주면 능동적인 아이가 됩니다. 능동성은 놀이뿐만 아니라 학습과 생활 전반으로 전이됩니다. 잘 노는 아이들은 대개 창의적인 아이디어가 풍부하고 머리가 좋아요. 머리가 좋다는 것이 곧 똑똑하고 공부를 잘한다는 의미는 아닙니다. 이는 본질을 파악하는 능력이 좋고 판단력이 빠르며 주체적이라는 의미입니다. 아이들은 정신없이 놀 때 창의력이 샘솟고 판단력이 길러져요. 놀이를 주도하며 능동적이고 독립적인 사고와 행동을 하게 됩니다.

놀이는 스트레스를 완화하고 즐거움을 주는 것 외에 인지 발달과 자기 주도성 향상에도 큰 영향을 끼칩니다. 아이들은 놀이를 통해 시행착오를 겪어요. 블록을 이렇게도 저렇게도 쌓아보면서 새로운 돌파구를 찾습니다. 놀이를 하다 친구와 갈등이 생기면 그 갈등을 해결하기 위해 서로 소통하고 타협점을 찾아가면서 문제 해결력을 기르게 됩니다. 이를 통해 대인 관계 능력도 향상됩니다. 놀이를 하다 보면 다양한 감정을 겪게 되고 이를 통해 자기 조절 능력이 길러집니다. 아이가 놀기 좋아하고 정신없이 뛰어논다고 해서 걱정하지 않아도 됩니다. 아이가 노는 내내 인지 발달과 정서적 발달이 건강하게 이루어지고 있습니다.

우리 아이와 제대로 놀아주는 법

1학년 아이들 교실을 살펴보면 다양한 형태로 놀이에 참여하는 아이들을 볼 수 있어요. 새로운 놀이와 규칙을 창의적으로 만들어내며 놀이를 주도하는 아이, 친구가 하자는 대로 끌려다니는 아이, 어디에도 쉽게 속하지 못하고 멀리서 지켜만 보는 아이, 친구들에게 휩쓸리지 않고 자신이 하고 싶은 놀이를 묵묵히 하는 아이…. 아이들의 이러한 성향은 주로 가정에서 어떻게 놀이 시간을 보냈느냐에 따라 주도성 면에서 달라집니다. 아이들이 놀이에 참여하는 성향은 학교생활에 참여하는 성향과 매우 비슷한 양상을 보이기도 합니다.

엄마는 자녀가 주체적이고 능동적으로 행동하기를 바랍니다. 그러기 위해서는 놀이의 주도권을 아이에게 넘겨주어야 해요. 엄마들이 놀이에 개입하는 유형은 크게 세 가지로 나누어볼 수 있습니다. 첫 번째는 놀이는 곧 학습이라고 여기는 유형입니다. 놀이를 통해 언어를 배우고 기초 연산을 익히길 바랍니다. 끊임없이 가르치려고 하므로 아이가 학습에 강한 거부감을 느끼기도 합니다. 두 번째는 엄마가 주도하여 놀이를 하는 유형입니다. 놀이에 지나치게 개입해 엄마가 이끌어가는 유형으로 아이들이 놀이 자체에 흥미를 잃을 수 있습니다. 두 유형 모두 부정적으로 작용해 아이의 주체성을 해치곤 합니다.

가장 이상적이고 바람직한 유형은 아이의 한 발짝 뒤에서 지켜보며 적절히 도와주는 엄마입니다. "연이 잘 날아가려면 어떻게 하면 좋을까?" 어려움에 부딪혔을 때 적절한 질문으로 스스로 돌파구를 찾을 수 있도록 도와주어야 합니다. 아이의 생각과 감정을 살피며 놀이 자체에 몰입할 수 있도록 지원해주어야 해요. 아이가 원하는 놀이를 스스로 선택하고 결정할 기회를 주어야 합니다. 아이가 주도성을 가지고 놀이에 참여하도록 하되 관심은 항상 아이에게 두어야 해요. 행동과 말에 귀 기울이고 민감하게 반응해주어야 해요. 이러한 주도성과 독립성은 놀이에만 그치는 것이 아니라 생활 전반에 영향을 미칩니다.

풍부하고 다채로운 자극을 주는 놀이터는 바로 자연입니다. 창의력을 마음껏 발휘할 수 있는 장난감 역시 자연에서 찾은 자연물입니다. 시중에 값비싸고 화려한 장난감이 많지만, 지속력이 길지 않습니다. 쉽게 질리고 금방 새로운 장난감을 찾습니다. 매번 자연으로 나가기 어렵다면 근처 공원이나 가까운 놀이터도 괜찮아요. 더러워지거나 다친다고 제지하기보다는 아이가 새로운 놀 거리를 찾을 수 있도록 해주세요. 나뭇가지로 자신만의 공간을 만들게 하고 모래로 성을 쌓도록 해주세요. 자연과 접촉할수록 오감이 발달하여 감수성이 풍부해지고 창의력이 길러집니다.

놀이는 놀이 이상의 의미와 가능성을 가집니다. 아이의 발달을 위해 놀이는 절대적으로 필요해요. 단순히 시간을 보내기 위한,

즐거움을 추구하기 위한 활동 이상입니다. 아이가 놀기만 한다고 걱정하고 조급해할 필요 없어요. 아이는 놀면서 자기 잠재력과 가능성을 확장시켜갑니다. 잘 노는 아이가 자신을 잘 알고 모든 면에서 주도적으로 사고하고 행동합니다. 아이들은 자유롭게 놀 때 가장 존중받고 있음을 느끼고 있는 그대로 받아들여짐을 경험해요. 아이의 정서적 안정과 인지 발달을 위해 엄마는 한 걸음 물러나야 합니다. 아이가 원하는 만큼 마음껏 놀게 내버려두어야 합니다.

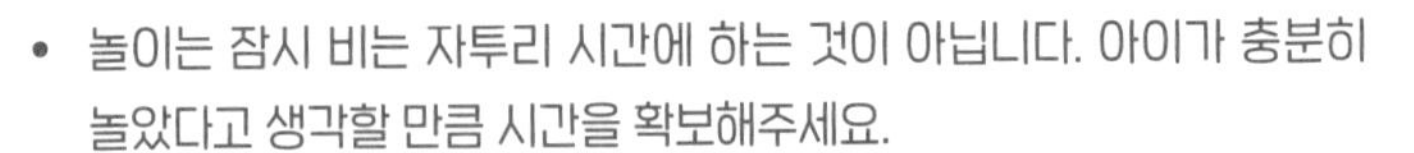

실천 TIP 이제는 이렇게 해보세요!

- 놀이는 잠시 비는 자투리 시간에 하는 것이 아닙니다. 아이가 충분히 놀았다고 생각할 만큼 시간을 확보해주세요.
- 엄마가 주도권을 가진 놀이는 아이의 성장을 방해합니다. 아이가 주도권을 가지고 놀 수 있도록 최소한으로 개입하되 항상 관심을 가지고 지켜봐 주세요.
- 가장 훌륭한 놀이터는 자연이고 최고의 장난감은 자연물입니다. 아이가 자연에서 마음껏 탐색하고 자신만의 놀이를 할 수 있도록 자연과 많은 접촉을 할 수 있도록 해주세요.

3

"저 아이는 어쩌면 저렇게 몰입을 잘할까?"

몰입의 사전적 정의는 '깊이 파고들거나 빠짐'입니다. 무아지경의 상태에 놓여 있을 때를 말합니다. 《몰입》의 저자로 몰입의 대가라 불리는 서울대 재료공학부 황농문 교수는 "몰입이 개인의 천재성을 일깨워주는 열쇠"라고 하였습니다. 그는 〈세바시(세상을 바꾸는 시간, 15분)〉 강연에서 몰입을 "주어진 도전에 대하여 최대로 응전하는 상태"라고 정의하였어요. 또한 "몰입은 행복한 최선이며 삶에서 마주치는 크고 작은 도전에 몰입하면 삶에서 가장 유익한 경험이 될 수 있다"라고도 덧붙였어요.

이렇듯 몰입은 개인의 도전을 승리로 이끌고 행복에 이르게 하는 지름길입니다.

우리 아이의 역량을 키워주는 원동력, 몰입

SBS 〈영재발굴단〉을 통해 세상에 알려진 전이수 동화 작가는 열네 살 때까지 일곱 권의 동화책을 출간하였습니다. 천재 어린이 작가로 불리는 전이수 군은 여덟 살에 처음 자신이 쓰고 그린 동화책을 출간했습니다. 전이수 군의 어머니는 자유롭게 원하는 것을 하도록 돕기 위해 홈스쿨링을 결정할 정도입니다. 전문적인 미술 교육을 통해 발전시키기보다는 아이의 독창적인 재능을 살리는 데 중점을 두었어요. 어머니 김나윤 씨는 "이수뿐만 아니라 많은 아이에게는 그런 재능이 숨어 있는데 그걸 잘 발견하고 그 길을 스스로 즐겁게 찾아갈 수 있도록 도와주는 역할을 했고, 그것이 저의 임무라고 생각해요"라고 하였습니다.

하고 싶은 것을 마음껏 할 수 있도록 적극적으로 지지하고 격려해준 엄마가 있었기에 천재 작가가 탄생할 수 있었습니다. 영재 아이들의 엄마에게서 발견되는 한 가지 공통점이 있어요. 아이가 흥미로워하는 것, 좋아하는 것을 마음껏 할 수 있도록 지원하고 도와준다는 점입니다. 아이가 행복하길 바라는 마음으로 지금 당장 아이가 즐거워하는 일에 집중할 수 있도록 지지해줍니다. 아이를 다그치거나 엄마가 이끌어가기보다는 흠뻑 몰입하도록 믿고 지켜봐 주어야 해요.

아이가 몰입하는 모습을 보인다면 엄마는 이를 놓치지 말아야 합니다. 아이가 몰입을 지속할 수 있도록 새로운 자극을 제공해주어야 해요. 아이가 만들기에 흥미를 보인다면 색종이, 점토, 나무 등 다른 재료를 제공하여 몰입을 이어나갈 수 있습니다. 상상력을 자극하는 다양한 질문을 통해 사고를 확장하거나 관련 책을 함께 찾아볼 수도 있어요. 곤충에 관심이 많은 아이라면 "개미들은 어떤 집에서 살까?" "매미는 왜 여름에만 볼 수 있을까?"와 같은 질문을 통해 더욱 깊이 있게 사고하고 몰입하도록 해주세요. 아이의 수준에 지나치게 어려운 과제는 오히려 흥미를 떨어뜨릴 수 있습니다. 아이의 수준에서 한 단계 정도 높은 자극을 제시하는 것이 좋습니다.

하고 싶은 일에 마음껏 몰입하고 집중해본 경험이 있는 아이들은 매 순간 행복을 느끼며 자존감이 높습니다. 원하는 일을 엄마가 적극적으로 지원해주고 격려해줄 때 아이는 사랑받고 있음을 느낍니다.

몰입의 경험으로 높아진 자존감과 성취감은 시야를 넓혀주고 사고를 확장해줍니다. 몰입을 통해 아이의 역량을 키우고 다른 분야로 관심을 옮겨갈 수도 있어요. 자신만의 역량을 기른 아이는 시키지 않아도 자기 주도적으로 학습하게 됩니다. "그거 해서 뭐 먹고 살래?" 아이의 흥미를 미래의 월급으로 환산하여 미리 차단하기보다는 해볼 수 있도록 지원해주어야 합니다.

아이가 좋아하는 것, 흥미를 보이는 것이 곧 재능이다

〈영재발굴단〉에서 화학 영재로 소개된 신희웅 군은 당시 여덟 살이었습니다. 제작진을 보자마자 118개의 원자 기호와 원자 번호, 원자 성질에 대한 설명을 줄줄이 읊어 사람들을 놀라게 했습니다. 고등학교 화학 교과서 내용을 다 꿰고 있을 정도였습니다. 집에 있는 대부분 시간에 화학책을 읽는다고 했습니다.

신희웅 군의 부모님은 두 분 다 후천적 청각 장애를 지니고 있었습니다. 하지만 진지하고 따뜻한 소통에는 전혀 지장이 없었습니다. 희웅 군이 책에서 읽은 내용을 엄마에게 설명하면 엄마는 아이에게서 눈을 떼지 않고 온전히 집중하여 들어주었습니다. 격려, 경청, 따스한 눈빛 등 엄마의 양육 태도가 아이를 상위 0.6퍼센트의 영재로 성장하도록 도운 것입니다. 특히 안정적인 지지 표현에서는 만점에 가까운 점수를 받았다고 합니다.

물론 우리 주변에서 신희웅 군 같은 천재성을 보이는 아이는 흔하지 않습니다. 하지만 엄마의 태도에 따라 아이의 흥미가 재능으로 바뀔 수 있습니다. 아이가 흥미를 보이는 것, 지속해서 하고자 하는 것, 좋아하는 것을 유심히 관찰해야 합니다. 재능은 흥미에서 출발합니다.

아이의 사소한 몸짓, 작은 관심도 놓치지 말고 관찰한 후에는 대화를 나누어보아야 합니다. 관찰하고 엄마 혼자 속단하여 결정해서는 안 됩니다. 아이가 계속하고 싶어 하는 이유가 무엇인지, 집중이 잘되는 까닭은 무엇인지 물어보아야 해요.

아이의 흥미가 꾸준히 지속되고 깊이 몰입하는 이유를 알았다면 원 없이 누릴 수 있도록 해주어야 합니다. 아이가 공룡에 흥미를 느끼고 집중한다면 공룡 장난감을 사주는 데만 그쳐선 안 됩니다. 공룡 관련 책이나 다큐멘터리 등을 통해 공룡 시대에 대해 알아보고 멸종한 이유 등을 함께 찾아보는 겁니다. 공룡 박물관에 함께 가서 공룡의 실제 크기를 체감하고 공룡 화석을 눈으로 확인해보도록 해주는 것이 좋습니다. 아이가 좋아하는 것에 엄마도 관심을 가지고 함께해준다면 아이의 흥미는 더욱 확장됩니다. 이러한 경험은 다음 관심사가 생겼을 때 아이 스스로 배우는 힘을 키워줍니다.

무엇보다 중요한 것은 엄마의 흥미나 욕심을 강요해서는 안 된다는 점입니다. 아이들은 관심을 가지면 스스로 찾아보고 배우고자 합니다. 엄마의 조급함과 과도한 간섭은 아이의 흥미를 떨어뜨릴 수 있어요. 엄마는 아이가 좋아하는 일을 찾을 때까지 다양한 경험을 제공하고 지지해주어야 합니다. 스스로 알아가고 즐길 수 있는 방향을 알려주고 장을 마련해주는 것만으로 충분합니다. 엄마는 아이만이 가진 재능을 꽃피우도록 도와줄 수 있는 가장 강력한 존재입니다.

활기와 열정의 근원, 몰입

미하이 칙센트미하이는 《몰입의 즐거움》에서 "무엇이 삶을 의미 있게 하는가?"라는 질문을 던집니다. 사람마다 의미 있는 삶에 대한 정의는 다를 것입니다. 그는 "돈만이 우리를 행복하게 하는 것이 아니며, 몰입 상태를 일으키는 활동들을 통해 즐거움을 찾고 지속적으로 만족감을 느낀다"라고 하였습니다. 즉 사람은 몰입을 통해 삶의 즐거움을 추구하고 삶을 의미 있게 살 수 있다는 것입니다. 몰입은 삶에 활기를 부여하고 열정적으로 살아가게 하는 원동력이 됩니다.

몰입하면 전두엽이 활성화됩니다. 뇌를 효과적으로 자극하는 가장 좋은 방법은 좋아하는 일에 집중하는 것입니다. 하고 싶은 일을 할 때 뇌 신경 전달 물질인 세로토닌, 도파민, 엔도르핀, 다이돌핀 등이 분비됩니다. 이러한 유익한 호르몬은 스트레스는 낮추고 쾌감, 성취감, 행복감을 느끼게 합니다. 우리 몸의 면역 체계도 튼튼하게 해줍니다. 뇌는 한 번 맛본 행복감과 성취감을 다시 느끼고자 합니다. 한 번의 성공적인 몰입은 새로운 도전을 하도록 부추깁니다. 몰입을 통해 동기가 부여되고 의욕이 생겨납니다.

좋아하는 일을 하면 뇌가 발달하고 기억력이 좋아져요. 이는 기억을 담당하는 '해마'와 관련이 있습니다. 해마는 학습, 기억 및 새로운 것을 인지하는 역할을 합니다. 해마가 제 역할을 할 때 해마의 끝부분에 있는 '편도체'가 깊이 관여합니다. 편도체는 동기, 학습, 감정과 관련된 정보를 주로 처리합니다. 해마는 편도체에서 생성한 감정을 참고하여 기억할 정보를 선택합니다. 기쁨, 슬픔, 두려움, 좋고 싫음 등의 다양한 감정을 느낄 때 우리의 뇌는 더 잘 기억하게 됩니다. 해마를 강화하기 위해서는 풍부한 감정을 느끼는 것이 중요해요. 우리는 좋아하는 일을 할 때 벅찬 기쁨을 느낍니다. 이렇듯 좋아하는 일을 하면 뇌의 기능까지 높일 수 있어요.

무엇보다 좋아하는 일에 집중하고 몰입하면 자기 긍정감이 향상되고 자존감이 높아집니다. 흥미 있는 일은 누군가가 시켜서 하는 것이 아니라 스스로 배우게 됩니다. 주도적으로 배우고 무언가에 열중한 경험은 아이에게 성취감을 안겨줍니다. 꼭 공부가 아니어도 괜찮아요. 운동이든 놀이든 아이 스스로 몰입할 수 있도록 하면 생활에 활기가 돕니다. 활기는 무언가를 해보고자 하는 힘입니다. 무언가를 기대하는 설렘입니다. 아이의 재능과 능력을 키우는 가장 중요한 힘은 '열정'입니다. 열정은 관심과 흥미에서 시작되고 몰입할 때 비약해요.

칙센트미하이의 저서 《몰입의 즐거움》에 따르면 인간은 삶의 단계별로 네 가지에 몰입한다고 해요. 그중 어린 시절에는 놀이에 몰입한다고 합니다. 실제로 아이들은 '노는 것'에 가장 열정적으로 몰입합니다. '잘 노는 것'이야말로 아이의 재능과 능력을 키워주는 강력한 방법입니다. 혼자보다는 함께 어울려 놀 때 언어가 발달하고 타협을 배우며, 문제 해결 능력을 익히게 됩니다. 감정을 조절하며 자기를 조절하는 능력도 향상됩니다. 위험한 것, 타인에게 피해를 주는 것이 아니라면 아이가 원하는 것은 마음껏 하도록 내버려두세요. 자신이 좋아하는 일에 몰입할 때 아이는 정서적으로, 학습적으로 가장 성장합니다.

실천 TIP 이제는 이렇게 해보세요!

- 아이가 좋아하는 일을 찾을 수 있도록 다양한 체험을 제공해주세요.
- 아이가 흥미와 관심을 보이는 일을 마음껏 누릴 수 있도록 경험의 장을 마련하고 지지해주세요.
- 아이가 좋아하는 것에 엄마가 관심을 가지고 함께해주세요. 아이의 몰입이 오래 지속될 수 있습니다.
- 스마트폰, TV에만 집중한다면 아이의 관심을 환기할 필요가 있습니다. 영상 매체에만 집중하면 수동적인 성향이 강해집니다.

4

아이의 자기 조절력을 키우는 두 가지 조건

2학년 태은이는 외동딸이었습니다. 늦은 나이에 얻은 귀한 딸이라 온 가족의 관심과 사랑을 한 몸에 받았습니다. 태은이는 자신이 하고 싶은 것을 참아야 하거나 기다리는 것을 못 견뎌 했습니다. 충동 조절력과 만족 지연 능력이 다른 아이들에 비해 확연히 떨어졌어요. 수업 시간에 벌떡 일어나 이야기를 하기 위해 친구 자리로 가기도 하고, 뒷이야기가 궁금한 책을 꺼내 읽기도 합니다. 놀이터에서는 그네의 순서를 기다리지 못하고 다른 친구에게 내리라고 소리를 지르기도 했습니다. 자신이 하고 싶은 것을 하고 싶은 순간에 하지 못하면 감정을 주체하기 어려워했습니다. “집에서도 갖고 싶은 것이 있다면 단식투쟁을 해서라도 얻어내는 편이에요. 아이가 한 시간이고 두 시간이고 울고 떼쓰니 어쩔 수 없이 사주기도 하는데… 어떻게 하면 좋을지 잘 모르겠어요."

자기 조절력을 키우는 첫 번째 조건, 마시멜로 실험 ①

아이의 자기 조절 능력은 학업뿐만 아니라 생활에도 지대한 영향을 미칩니다. 조절이란 단어를 들었을 때 떠오르는 유명한 실험이 하나 있을 겁니다. 바로 미국의 심리학자 월터 미셸Walter Mischel과 동료 연구원이 함께 진행한 '마시멜로 실험'이죠. 한 유치원 아이와 선생님이 방에 들어갑니다. 책상 위에는 맛있는 마시멜로가 놓여 있어요. "책상 위에 아주 맛있는 마시멜로가 보이지? 선생님이 다시 올 때까지 먹지 않으면 하나를 더 줄게. 그럼 두 개의 마시멜로를 먹을 수 있어. 하지만 선생님이 돌아오기 전에 먹는다면 마시멜로는 더 주지 않을 거야." 혼자 방에 남겨진 아이는 이제 고민이 시작됩니다. 지금 바로 마시멜로를 먹느냐, 선생님이 올 때까지 기다리고 두 개를 먹느냐. 참지 못하고 마시멜로를 바로 먹은 아이도 있지만, 끝까지 먹지 않고 참아서 하나를 더 얻은 아이도 있었습니다.

연구자인 미셸의 딸이 당시 실험을 진행한 유치원에 다니고 있었습니다. 실험을 끝나고도 딸을 통해 실험에 참여한 친구들의 이야기를 꾸준히 듣게 됩니다. 미셸은 이에 흥미를 느끼고 실험에 참여한 아이들을 대상으로 15년이 지나 추적 연구를 하였습니다. 마시멜로의 유혹을 이겨 낸 아이들은 미국 대학수학능력시험SAT에서 높은 점수를 받았고, 대인관계도 원만하고 사회성도 좋았습니다. 끈기 있게 노력하여 목표를 달성하고자 하는 의지도 강하게 나타났습니다. 한때 마시멜로 실험은 유행처럼 번졌습니다. 기다리지 못하고 마시멜로를 바로 먹어버린 아이를 보며 많은 부모가 좌절하였습니다. 실험의 결과로 참을성이 없는 아이, 자기 통제력이 부족한 아이로 자랄까 봐 전전긍긍하였습니다.

지금부터는 잘 알려지지 않은 후속 실험에 대해 이야기를 해볼까 합니다. 이 후속 실험에 아이의 자기 조절력을 키울 수 있는 해답이 있습니다. 미셸 연구팀은 환경에 변화를 주어 다양하게 마시멜로 실험을 진행했습니다. 첫 번째 실험에서는 마시멜로 그릇의 뚜껑을 덮어두고 아이만 혼자 남겨두었습니다. 마시멜로가 눈에 보이지 않도록 한 것이죠. 놀랍게도 마시멜로 뚜껑을 덮어놓은 것만으로 아이들이 기다리는 시간은 두 배 정도 길어졌습니다. 마시멜로가 보일 때는 평균 6분 정도 기다렸지만, 보이지 않자 평균 11분 정도의 시간을 기다렸습니다. 보상에 대한 의지가 순간의 충동을 통제한 요인이라는 생각을 뒤집는 실험 결과였습니다. 단순한 개인차보다는 적절한 환경 통제로 아이의 자기 조절력을 향상시킬 수 있음을 밝혔습니다.

또 다른 후속 실험으로 아이들을 세 그룹으로 나누어 마시멜로를 직접 보여준 상태와 마시멜로 그릇의 뚜껑을 덮은 상태로 두 번의 실험을 진행하였습니다. 첫 번째 그룹에는 마시멜로를 기다리는 시간 동안 재미있는 생각을 하라고 하였고, 두 번째 그룹은 기다린 후 받게 될 두 개의 마시멜로를 생각하라는 지시를 주었습니다. 마지막 그룹에는 어떠한 지시도 주지 않았습니다. 결과는 어떠했을까요? 재미있는 생각을 하게 한 첫 번째 그룹은 마시멜로가 눈앞에 있을 때나 없을 때나 10분 이상을 기다렸고, 두 번째 그룹은 두 번의 경우 평균 4분을 넘기지 못하고 마시멜로를 먹어버렸습니다. 마지막 그룹은 마시멜로를 봤을 때 기다리는 시간이 확연히 짧았습니다.

이를 통해 아이에게 충동이나 욕구를 다스리는 방법을 알려주면 자기 조절력을 향상시킬 수 있음을 알게 되었습니다. 아이의 인내심과 의지력이 부족함을 탓하기보다는 유혹의 요소 제거(마시멜로 그릇의 뚜껑 덮기)와 같은 적절한 환경 통제와 아이가 이해할 수 있는 이유를 충분히 설명해주고 주의를 환기하는 방법(재미있는 생각 하기)을 알려준다면 아이의 자기 조절력은 눈에 띄게 향상됩니다. 아이에게 무작정 "안돼"라고 하기보다 상황에 알맞은 전략을 알려주세요. 아직 인내심과 끈기가 부족한 아이들은 참고 견디는 걸 어려워합니다. 이때 다른 대안을 제시하거나 이해하기 쉽게 설명해주어야 합니다. 엄마의 언어나 환경을 적절하게 통제하면 아이들은 자기 조절 능력을 충분히 기를 수 있습니다.

자기 조절력을 키우는 두 번째 조건, 마시멜로 실험 ②

2012년, 마시멜로를 참을 수 있는 아이와 참지 못하는 아이의 차이를 알기 위해 또 다른 실험을 진행하였습니다. 미국 로체스터 대학의 인지과학자 키드Celests Kidd 연구팀은 3~5세의 28명 아이들에게 컵을 꾸미는 미술 활동을 한다고 설명한 후 크레파스가 있는 책상에 앉도록 합니다. 잠시만 기다리면 색종이와 찰흙 등 다른 꾸미기 재료를 줄 테니 기다리라고 합니다. 몇 분 뒤, 14명의 아이에게는 약속한 대로 다른 꾸미기 재료를 주고, 나머지 아이들에게는 재료가 없다며 제공하지 않았습니다.

약속한 꾸미기 재료를 받은 첫 번째 그룹은 신뢰 환경을 경험하였고, 재료를 받지 못한 아이들은 신뢰 환경을 경험하지 못하도록 하였죠. 그 이후 고전적인 마시멜로 실험을 실시하였습니다. 신뢰를 경험한 아이들은 평균 12분이 넘는 시간을 기다렸고, 무려 9명의 아이가 선생님이 돌아올 때까지 마시멜로를 먹지 않았습니다. 반면 신뢰를 경험하지 못한 아이들은 평균 3분을 기다렸으며, 끝까지 먹지 않은 아이는 단 한 명이었습니다.

첫 번째 그룹의 아이들이 더 오랫동안 기다릴 수 있었던 것은 이

전 경험으로 인해 선생님에 대한 신뢰가 높았기 때문입니다. 기다리면 선생님께서 약속을 지킬 것이라는 확고한 믿음이 있었기에 가능하였습니다. 두 번째 그룹은 약속이 지켜지지 않아 신뢰가 형성되지 않았습니다. 기다려서 마시멜로를 하나 더 받을 거란 확신이 생기지 않았을 것입니다. 무작정 기다리는 것보다 눈앞의 마시멜로라도 먹는 편이 더 좋을 것이란 판단을 하였을 겁니다.

신뢰의 경험이 없는 상태에서는 욕구를 지연하기보다 즉각적으로 충족하려고 합니다. 참고 기다려서 불이익을 얻는 것보다는 현재의 만족을 추구하는 것이 현명한 판단이기 때문입니다. 부모를 신뢰하지 않는 아이는 자기 조절을 해야 할 필요성을 느끼지 못할지도 모릅니다. 아이를 달래고 잠시 모면하려는 수단으로 달콤한 약속을 하고, 상황이 바뀌면 약속을 지키지 않기도 합니다. "숙제 먼저 하면 게임 한 시간 하게 해줄게" 하고는 "한 시간은 너무 긴 것 같아. 30분만 해."라며 일방적으로 말을 바꾸기도 합니다. 이런 상황이 반복되면 아이들은 약속을 지키지 않는 엄마로 받아들입니다. 엄마가 먼저 약속을 어기면 아이도 쉽게 약속을 저버립니다. 참고 기다리면 약속된 보상을 얻을 수 있음을 몸소 경험해야 합니다. 아이의 자기 조절력을 기르기 위해선 아이와 한 약속은 꼭 지키는 엄마의 태도가 필요합니다. 엄마와의 신뢰가 있을 때 아이의 자기 조절력도 향상됩니다.

실천 TIP 이제는 이렇게 해보세요!

- 아이가 충동성을 조절하기 위해서는 적절한 환경 통제가 필요합니다. 아이가 떼쓰거나 참기 어려워하는 순간을 미리 파악해두고 즉각적으로 장소를 옮기거나, 눈앞에서 치우는 등 적절하게 환경 전환을 해주세요.
- 아이가 규칙과 약속을 통해 자기 조절을 하기 위해선 부모와의 신뢰 형성이 선행되어야 합니다. 아이와의 약속을 가볍게 여기지 말고, 꼭 지킬 수 있는 약속을 해주세요. 혹시나 약속을 지킬 수 없게 된다면, 다른 대안을 제시하거나 아이가 이해할 수 있는 이유를 꼭 설명해주세요.

5

좋은 습관의 힘

높은 자존감과 함께 좋은 습관은 아이의 주도성과 자립심 형성에 결정적인 역할을 합니다. 좋은 습관은 시간을 스스로 관리하게 해줍니다. 그리고 긍정적으로 삶을 바라보고 누릴 수 있게 해줍니다. 또한 건강하고 보람찬 일상을 보낼 수 있게 만들어줍니다.

하지만 좋은 습관은 하루아침에 만들어지지 않습니다. 아이 혼자 좋은 습관을 형성하기란 어렵습니다. 가정과 학교에서 함께 도와주어야 해요. 한 번 몸에 익은 습관을 바꾸기 위해서는 더 큰 노력과 시간이 듭니다. 그래서 처음부터 좋은 습관을 들이는 것이 무엇보다 중요합니다.

건강한 하루의 시작, 아침 습관 형성하기

막 입학한 초등학교 1학년은 제일 먼저 무엇을 배울까요? 아이들은 3월 한 달간 학교에 적응하기 위한 기초 생활 습관을 익힙니다. 어린이집, 유치원에서 확장된 공동체 생활을 위해 꼭 필요한 습관들을 배우죠. 책상에 앉는 자세, 발표하는 자세, 학교 일정에 따른 시간 습관, 정리 정돈 습관, 독서 습관, 복도 통행 습관 등인데, 이는 교실에서 가장 기본이 되는 생활 습관이라 하여 기초 생활 습관이라고 합니다. 이런 습관은 학교생활을 하는 데 꼭 필요하지만 3월 한 달 안에 형성되기 어렵습니다. 1~2학년에 중점적으로 지도하는 생활 습관은 아이의 학교생활을 좌우할 정도로 중요합니다.

가정에서는 초등학교에 입학한 아이에게 가장 우선으로 아침 습관을 만들어주어야 합니다. 입학 후부터는 스스로 일어날 수 있도록 적당한 수면 시간과 기상 시간을 정해야 해요. 엄마가 일방적으로 정하기보다는 아이와 의논하여 정하는 것이 좋습니다. 취침 시간을 정했다면 30분 전에는 잠자리에 들 준비를 해야 합니다. 기상 시간에 맞게 일어나기 위해 아이가 스스로 알람을 맞추고 몇 시에 일어나야 하는지 인지하도록 해주어야 해요. 엄마가 먼저 깨워주기보다는 아이가 스스로 일어나도록 하되 예정된 시간보다 10분 정도 늦어진다면 그때 깨워주면 됩니다. 취침 시간은 아이 혼자 지키기보다 온 가족이 함께 지키면 더욱 효과적입니다.

상쾌하게 기상한 후, 아이가 등교 준비를 스스로 할 수 있도록 습관화해야 합니다. '세수와 양치, 잠옷과 이불 정리, 스스로 옷 입기'는 초등학교 저학년에 자동화된 습관으로 정착해야 합니다. 엄마는 아이가 스스로 할 수 있도록 방법을 일러주고 연습하도록 도와주어야 해요. 엄마가 "세수해라" "옷 입어라" 말할 필요도 없이 스스로 준비할 수 있어야 합니다. 잠들기 전 다음 날 입을 옷을 아이가 정해 침대 밑이나 책상 위에 올려두면 더욱 수월합니다. 엄마는 아이가 스스로 준비할 동안 아침을 준비하면 됩니다. 등교까지 시간이 있다면 짧은 독서나 음악 감상, 영어 애니메이션 보기를 하며 더 여유롭게 아침을 보낼 수 있어요.

아이와 함께 아침 규칙을 정하고 지키는 일은 아이가 하루를 기분 좋게 시작할 수 있게 합니다. 아침부터 아이의 등교 준비로 엄마와 아이가 실랑이하면 서로 감정이 상하기 쉽습니다. 아침부터 엄마의 잔소리를 듣고 혼이 난 아이가 학교에 와서 즐겁게 하루를 시작할 수 없어요. 교실에 앉아서도 불안하고 예민해지기 쉽습니다. 아침을 거르고 학교에 온 아이들은 짜증을 쉽게 내고 수업에 집중하기 어려워요. 1교시가 지나기도 전에 배고프다고 하는 아이가 한 명씩 꼭 있거든요. 아침만큼은 꼭 먹여서 학교에 보내주세요. 아이가 건강하게 하루를 시작할 수 있도록 엄마와 아이 모두가 노력해야 합니다.

처음의 중요성, 습관은 바꾸는 것이 더 어렵다

1960년 출간 이후 3000만 부 이상이 팔린 《맥스웰 몰츠 성공의 법칙》에 따르면 "무엇이든 21일간 계속하면 습관이 된다. 21일은 우리의 뇌가 새로운 행동에 익숙해지는 데 걸리는 최소 시간이다"라고 합니다. 2009년 영국 런던대학의 필리파 랠리Phillippa Lally 박사팀은 습관에 관한 연구를 진행하였어요. 96명의 실험자를 대상으로 매일 활동과 식단을 기록하도록 했습니다. 새로운 습관을 의식하지 않고 저절로 하게 되는 기간을 측정하였습니다. 짧게는 18일, 길게는 254일이 걸린다는 것을 연구를 통해 발견하였습니다. 행동이 습관으로 정착되는 데는 평균 66일이 소요된다고 해요.

필리파 랠리 박사팀은 "사람의 뇌는 충분히 반복돼 시냅스가 형성되지 않는 것에는 저항을 일으킨다. 아직 그 행동을 입력해놓을 기억 세포가 만들어지지 않았기 때문이다"라고 하였어요. 사람의 뇌는 효율을 가장 중요시합니다. 형성된 습관의 좋고 나쁨, 옳고 그름을 평가하지 않아요. 습관에 따라 행동할 때 에너지가 덜 사용되는 방식을 따릅니다. 이미 익숙하고 적응된 것은 에너지 소모가 적습니다. 습관을 고치고 바꾸려면 더 큰 에너지가 소모됩니다. 뇌는 이것을 에너지 낭비라고 여기고 비효율적이라 생각하므로 습관을 바꾸는 것은 어렵습니다. 관성의 법칙으로 인해 새로운 행동보다는 익숙한 행동을 하려 하는 뇌의 고집이죠.

이미 가지고 있는 습관은 바꾸기 어려우므로 처음부터 좋은 습관을 형성하는 것이 중요합니다. 좋은 습관을 형성하기 위한 가장 좋은 방법은 '반복'과 '함께하는 것'입니다. 우리의 뇌는 반복적인 행동을 중요하다고 여깁니다. 반복적인 것은 신경망을 튼튼하게 하여 시냅스를 형성합니다. 일회성에 그치기보다는 아이가 자동으로 행동하도록 반복해야 합니다. 아이는 부모를 보고 배웁니다. 아이가 좋은 습관을 지니기 위해선 부모도 좋은 습관을 지니고 있어야 합니다. 아이에게 책 읽는 습관을 길러주고 싶다면 부모가 먼저 책을 읽어주어야 합니다. 스스로 글을 읽을 수 있을 때는 아이와 함께 책을 읽는 시간을 가져야 해요.

처음부터 좋은 습관이 정착되면 좋겠지만 이미 형성된 습관을 고치려면 어떻게 해야 할까요? 습관을 바꾸기 위해선 더 큰 노력이 필요함을 엄마가 인지하고 아이를 격려해주어야 해요. 습관을 바꿔야 하는 이유를 아이가 받아들이도록 이해시켜야 합니다. 강압적으로 지시하고 명령하기보다는 아이와 함께 이야기를 나누고 아이가 이해할 수 있도록 설명해주어야 합니다. 그 후에는 기간을 함께 정해보세요. 우리의 뇌가 새로운 습관을 몸에 익히는 데는 최소 21일, 평균 66일의 시간이 필요하다고 했습니다. 아이와 3주, 한 달, 두 달 등 의논을 통해 기간을 정하면 됩니다. 마지막으로 목표와 실천 사항을 직접 써보도록 합니다. 목표를 정확하게 알면 더 효과적으로 실천할 수 있습니다.

우리 아이를 위한 효율적인 학습 습관

독일의 심리학자인 헤르만 에빙하우스Hermann Ebbinghaus는 기억에 관해 연구하였습니다. 시간 경과에 따른 망각 정도를 그래프로 나타내었어요. 연구에 따르면 학습 직후부터 망각은 급격하게 일어나며 20분 경과 후 42퍼센트를 망각합니다. 한 시간 후에는 50퍼센트 이상을 망각하고 이틀이 지난 후면 70퍼센트 이상을 망각해요. 한 달 후에는 약 80퍼센트 정도가 망각됩니다. 이처럼 우리가 학습한 내용을 망각하는 속도는 생각보다 가파르며 망각하는 정도도 상당합니다. 학교에서는 한 과목만 배우는 것이 아닙니다. 새로운 학습 내용이 이전 학습 내용을 망각하게 하거나 이전 학습 내용이 새로운 학습을 방해하기도 합니다. 이것을 심리학에서는 간섭 이론이라고 해요.

에빙하우스의 망각 곡선에 따르면 학습한 직후부터 망각은 급속도로 이루어집니다. 이틀이 지나면 학습 내용의 대부분을 잊어버립니다. 선행 학습보다는 복습이 더욱 중요한 이유입니다. 망각하기 쉬운 단기 기억을 '복습'을 통해 '장기 기억'으로 전환해주어야 하기 때문이죠. 긴 시간을 책상에 앉아 공부하게 하기보다는 짧은 시간 자주 복습하는 것이 더 효과적입니다. 수업이 끝나자마자 1분 정도 배운 내용 훑어보기, 집에 와서 배운 내용 공책 정리, 주말에 정리한 공책 복습, 한 달 뒤 정리 공책 복습. 이렇게 네 번의

에빙하우스 망각 곡선

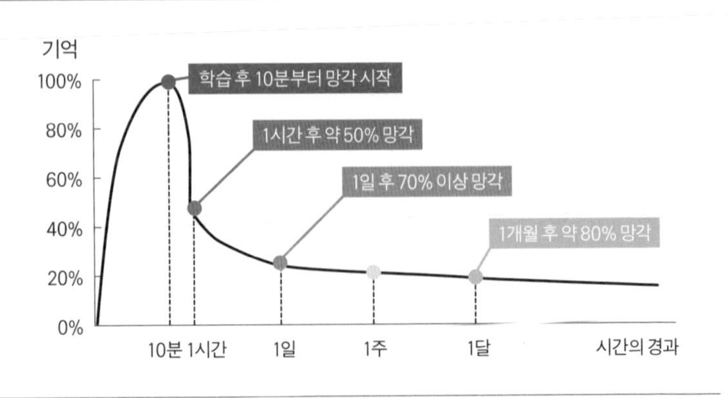

출처: https://hani75.co.kr/438

복습을 하는 것이 중요합니다. 처음에는 엄마와 함께 시간을 정해 복습하는 시간을 가지는 것이 좋아요. 이것이 습관화되면 아이 혼자서 충분히 할 수 있습니다.

정리 정돈은 아이의 자기 관리를 위해 중요한 습관입니다. 정리 정돈을 잘한다고 하여 공부를 잘한다고는 할 수 없습니다. 하지만 정리 정돈은 자기 관리 능력과 사고력 향상에 도움을 줍니다. '정리 정돈'은 단순히 물건을 제자리에 놓고 주변을 깨끗하게 하는 것을 말하지 않습니다. 물건을 분류하고 장소를 기억하는 것은 고차원적 인지 기능과 관련이 있습니다. 대체로 학습 능력이 뛰어난 아이들은 전두엽 기능이 발달해 기본적으로 정리 정돈을 잘한다고 합니다. 엄마가 아이의 방과 책상을 정리하기보다는 아이가 직접 하게 하세요. 매일 하지 않아도 괜찮아요. 2주에 한 번, 한 달에

한 번 정도 '정리의 날'로 지정해서 하면 충분합니다.

앞서 언급했듯이, 아이 혼자서 습관을 형성하기란 어렵습니다. 습관이 몸에 익을 때까지 엄마가 함께해야 해요. 아이가 운동하길 바란다면 함께 줄넘기를 챙겨 공원으로 나가야 합니다. 아이가 스스로 숙제하고 공부하기를 바란다면 함께 책상에 앉아 엄마도 자신의 공부를 해야 합니다. 아이가 책상을 깨끗하게 정리하길 바란다면 엄마가 먼저 집 안을 깨끗하게 정리해야 해요. 아이는 부모를 보며 배웁니다. 부모의 행동을 모방합니다. 앨버트 반두라는 사회 학습에 있어서 중요한 과정은 모방이라고 하며 이를 강조하기도 하였습니다.

고대 철학자 아리스토텔레스는 "우리가 반복적으로 하는 행동이 바로 우리가 누구인지를 말해준다. 그러므로 중요한 것은 행위가 아니라 습관이다"라며 습관의 중요성을 역설하였습니다. 좋은 습관을 지닌다고 하여 하루아침에 달라지진 않습니다. 좋은 습관이 쌓이고 그 하루하루가 쌓이면 10년 후, 20년 후는 크게 달라집니다. 그 긴 레이스에 엄마가 함께해주어야 합니다. 다그치고 지시하기보다는 아이의 마음을 공감해주고 격려해주어야 해요. 아이의 작은 변화도 놓치지 말고 기뻐하며 칭찬해주어야 합니다. 사소함을 놓치지 않고 소중히 하는 마음이 큰 변화를 가져옵니다.

실천 TIP 이제는 이렇게 해보세요!

- 초등학교 입학 후, 아이의 아침 습관을 만들어주세요. '혼자 일어나기, 양치와 세수하기, 잠자리와 잠옷 정리하기, 혼자 옷 입기'는 아이 스스로 할 수 있도록 해주세요.
- 숙제와 준비물은 전날에 아이 스스로 챙기도록 해주세요. 엄마는 점검만 해주면 됩니다.
- 아이는 엄마를 보며 배웁니다. 아이에게 바라는 좋은 습관을 엄마도 함께해주세요.

6

감정을 스스로 조절하는 아이들의 비밀

우리는 사회 곳곳에서 분노 조절 장애로 인한 수많은 사건·사고를 접합니다. 분노를 이기지 못하고 동물을 학대하거나 모르는 사람에게 아무 이유 없이 폭력을 행사합니다. 자신의 우울과 화를 이기지 못하고 방화를 통해 이를 표출합니다. 잔소리를 많이 해 짜증 난다는 이유로 키워주신 친할머니를 살해한 10대 형제 사건은 공포와 충격 그 자체였어요. 뉴스에 나온 사건들은 감정을 조절하지 못한 극단적인 경우입니다. 인간은 감정에 지배받을 때 이성적인 사고와 판단을 할 수 없습니다. 어린 시절 공감 경험이 없고 건강하게 감정을 해소하는 법을 배우지 못한 아이는 어른이 되어서도 감정에 휘둘리게 됩니다.

부정적인 감정 건강하게 표현하기

5학년 담임을 할 때였습니다. 급식을 먹고 교실로 돌아오니 한 여자아이가 책상에 엎드려 울고 있었습니다. 자초지종을 들어보니 효원이와 장난을 치다 말싸움으로 번졌는데 그 아이가 입에 담지 못할 욕을 했다는 것입니다. 효원이는 반에서 친구들과 갈등을 자주 겪는 아이였어요. 자신이 피해를 받거나 불리하면 언성을 높이고 불같이 화를 냈어요. 화가 나면 “개XXX야” “씨XXX” “죽여버릴 거야”와 같은 어른이 듣기에도 심각한 욕설들을 서슴지 않고 내뱉었습니다. 분을 못 이겨 창문을 깨기도 하고 의자를 던지기도 했습니다. 효원이는 부정적인 감정을 폭력으로 표출하였어요. 집에서도 폭군 같은 모습을 보여 엄마의 걱정이 이만저만이 아니었습니다.

교실에는 감정을 조절하지 못하고 욕설과 폭력으로 표출하는 아이들이 더러 있습니다. 감정을 주체하지 못하고 감정에 휩싸여 어쩔 줄 몰라 하는 도움이 절실한 아이들입니다. 감정을 조절한다는 것은 무작정 부정적인 감정을 참고 억누르는 것이 아닙니다. 부정적인 감정을 건강하게 표현하는 방법을 배우는 과정입니다. 부정적인 감정은 있는 그대로 수용하되 행동은 제한해야 합니다. 아이가 부정적인 감정을 내비칠 때 똑같이 화를 내고 언성을 높여선 안 됩니다. 아이가 폭력성을 보인다면 아이를 잡고 제지한 후 눈을 맞추고 안 된다는 신호를 보내야 해요. 후에 아이가 진정될 때까지 인내심을 가지고 기다려야 합니다. 기다린다고 해서 아이를 제지하지 않고 지켜보라는 뜻이 아닙니다. 아이의 행동은 반드시 멈추게 해야 합니다. 감정이 앞서면 대화가 이루어지지 않기 때문에 아이가 진정이 되면 행동에 대해 이야기를 나눠야 합니다.

아이가 부정적인 감정을 보이는 까닭을 엄마가 속단하고 다그쳐선 안 됩니다. 아이의 말을 먼저 들어보아야 해요. 아이들이 짜증을 내고 화를 내는 데는 나름의 이유가 있습니다. 아이의 감정은 인정하되 부적절한 행동에 대해선 엄격하게 다뤄야 합니다. 아이들은 감정보다 행동이 앞설 때가 많아요. 자신의 감정을 잘 인식하지 못하기도 합니다. 엄마가 먼저 아이의 이야기를 들어보고 아이의 감정을 표현해주세요. "화가 많이 났구나." "짜증이 나서 그랬구나." "불안했구나." 이와 같은 말로 아이의 감정을 읽어주면 아이는 자신의 감정을 인지하게 됩니다.

아이가 진정이 되면 부정적인 감정을 어떻게 표현하면 좋을지 대화를 나누어야 합니다. 가장 먼저 자신의 감정을 말로 표현하는 방법을 배워야 합니다. "동생이 제 장난감을 부숴서 너무 화가 나요." "먹기 싫은 음식을 먹으라고 하니 짜증이 나요." 이렇게 언어로 표현할 수 있어야 합니다. 이후 밖에 나가서 뛰고 오거나 게임을 하는 등 감정을 환기하는 방법을 함께 찾아야 합니다. 엄마가 아이의 부정적인 감정까지 받아들이면 아이는 자기 존재가 받아들여지는 경험을 합니다. 자신의 가장 밑바닥 모습까지 엄마가 끌어 안아줄 때 아이는 자신이 소중한 존재임을 느낍니다.

감정 조절의 시작은 공감이다

"왜 다 네 마음대로 해?!" 모둠 활동을 하는데 한 아이의 목소리가 높아집니다. 모둠 활동을 할 때마다 항상 소란스러운 모둠은 현정이가 있는 모둠이었습니다. "현정이가 다른 친구들 얘기는 안 듣고 자기 맘대로 하려고 해요." 현정이는 고집이 세고 자신의 뜻대로만 하려고 하는 아이였어요. 친구의 입장에서 전혀 생각하지 못하고 자신의 감정만 내세웠습니다. "내 맘이야!"는 현정이가 입에 달고 사는 말이었습니다. 현정이는 자신에게는 한없이 너그럽고 타인에게는 인색했습니다. 자신이 기분 상하는 것은 그냥 넘어가는 법이 없지만, 자신으로 인해 친구가 상처받는 것엔 무뎠어요.

현정이는 공감 능력이 제대로 발달하지 못한 아이입니다. 공감 능력이 부족한 아이는 다른 사람의 감정과 입장만 이해하지 못하는 것이 아닙니다. 자신의 감정도 잘 들여다보지 못하고 자기 이해가 부족한 경우가 많습니다. 현정이가 공감 능력이 부족한 가장 큰 원인은 공감받은 경험의 부재입니다. 공감을 경험한 아이가 다른 사람의 입장에서 생각하고 공감할 수 있습니다. 엄마가 아이의 감정을 무시하면 아이는 자신의 소중함을 느끼지 못합니다. 이와는 반대로 엄마가 아이의 감정에 과민 반응하면 자기밖에 모르는 아이로 자라게 됩니다.

누군가가 나를 온전히 공감해주고 있는 그대로 받아들일 때 우리는 존재감을 느낍니다. 자신의 감정을 인지하고 객관화합니다. 어른처럼 감정이 세분화되지 않은 아이들은 자신이 느끼는 감정을 잘 모를 때가 많습니다. 아이의 행동만 보고 아이의 감정을 판단하기보다는 아이의 속사정을 먼저 들어보아야 해요. 아이의 말을 자르지 않고 끝까지 듣는 경청이 필요합니다. 때로는 누군가가 들어주는 것만으로도 감정이 차분해지고 공감받고 있음을 느낍니다. 아이의 속사정을 듣고 난 후, 어른의 세련된 표현으로 감정을 알려주어야 해요. 섣부른 위로보다 아이의 마음을 읽어주는 것이 아이에게 훨씬 도움이 됩니다.

공감은 나와 타인 사이에 존재하는 감정의 경계선을 인지하고 받아들이는 과정입니다. 나와 다름을 인정하고 '그럴 수도 있구나'라고 바라보는 것입니다. 경계선이 없다면, 나의 감정만을 고집하거나 타인의 감정에 휘둘리기 쉽습니다. 공감은 아이가 마음을 스스로 들여다보고 이해하도록 합니다. 자신이 느끼는 감정을 존중받음으로써 존재 자체가 존중받음을 느껴요. 있는 그대로 받아들여짐을 느끼므로 자신을 과대평가하지 않고 과소평가하지도 않습니다. 가장 중요한 것은 아이의 모든 감정을 소중히 여기는 엄마의 태도입니다. 긍정적인 감정뿐만 아니라 부정적인 감정도 존중하고 있는 그대로 받아주어야 해요.

우리 아이 감정 조절 능력 키우는 법

소아정신과 손석한 박사는 "감정을 잘 조절한다는 것은 무작정 참기만 하는 것도 아니고, 그것을 과잉 분출하는 것도 아니다. 자신의 감정이 긍정적이든 부정적이든 간에 그것을 잘 인식하고, 그것을 다른 사람이 수용할 만한 방법으로 표현하거나, 더 나아가서 부정적인 감정을 나름의 방법을 통해 긍정적인 감정으로 돌려놓을 수 있는 사람이 감정 조절 능력이 뛰어난 사람이다"라고 하였습니다. 감정을 잘 조절하는 것이야말로 자신을 잃지 않고 꿋꿋하게 나아가게 하는 힘의 근원입니다.

올바른 감정 조절 능력을 키우기 위해서는 세 단계의 과정을 거칩니다. 첫 번째는 '감정 들여다보기'입니다. 감정은 회피하거나 억누른다고 사라지지 않습니다. 특히나 부정적인 감정은 많이 표현하고 받아들일수록 빨리 떨쳐버릴 수 있습니다. 아이들의 경우 색깔에 빗대어 감정을 이해하도록 하면 좋아요. 일반적으로 빨강은 위험, 초록은 안전을 나타냅니다. 우리가 느끼는 감정도 이런 색깔을 통해 나타낼 수 있어요. 짜증이 날 때, 기쁠 때, 기대될 때, 슬

감정 카드(예시)

출처: 한국감정연구소 휴나에듀 다정다감공감학교 감정 행동 카드

플 때 등 아이가 주로 느끼는 감정을 색으로 정해보세요. 매일 아침이나 저녁, 아이의 감정에 변화가 생길 때 냉장고나 현관문에 색으로 나타내도록 합니다. 이를 통해 아이가 자신의 감정에 대해 생각해보는 기회를 갖게 됩니다.

두 번째는 '감정 표현 연습하기'입니다. 감정을 표현하기 위해서는 아이와 함께 감정에 이름을 붙여보세요. 영화 〈인사이드 아웃〉에 나오는 '기쁨이' '소심이' '까칠이' '버럭이' '슬픔이'처럼 감정에 이름을 붙이는 것입니다. "엄마, 동생 때문에 버럭이가 나와요." "어떤 점 때문에 버럭이가 나왔을까?" 쉽게 대화의 물꼬를 틀 수 있습니다. 다음으로 '감정 카드 활용하기'입니다. "아까 친구를 밀쳤을 때 어떤 마음이었는지 세 가지를 골라볼래?" 감정 카드를 놓고 세 가지 정도를 고르게 합니다. “속상하고 당황스럽고 화가 났구나. 그때 어떻게 행동하면 좋았을까?” 아이는 대화를 통해 자신의 선한 면도 발견하게 됩니다. 잘못된 행동을 되짚어보고 올바른 표현 방법을 탐색하게 됩니다. 아이는 다양한 감정을 알게 되고 건강하게 표현하는 방법을 배웁니다.

마지막으로는 ‘감정 환기하기’입니다. 탁한 공기를 빼내고 신선한 공기를 채우듯 우리의 마음에도 부정적인 감정을 빼내는 과정이 필요합니다. 아이가 짜증, 불안, 분노를 보일 때 부정적인 감정을 받아들이고 거기에서 빠져나오는 것이 중요해요. 부정적인 감정에 휩싸일 때는 그 상황에서 잠시 벗어나 공간을 전환하여 마음을 진정시키도록 해요. 자전거 타기, 신나는 노래 듣기, 반려견 산책시키기 등 즐거운 활동 목록을 정해두면 감정 전환에 효과적입니다. 특히 유산소운동은 항우울제 치료나 심리 치료와 비슷한 효과를 나타낸다는 연구 결과도 나와 있으니 이를 활용해도 좋습니다.

아이가 자신의 감정을 스스로 인지하고 조절하게 되면 자기 조절 능력이 길러집니다. 다른 사람 입장에서 생각하고 공감하기 때문에 대인 관계가 좋을 수밖에 없습니다. 자신에 대해 깊이 생각해보고 스스로 인정하므로 자존감과 자립심이 높아집니다. 아이의 감정 조절보다 선행되어야 할 것은 엄마의 감정 조절입니다. 엄마가 감정에 쉽게 흔들리고 격양된 모습을 보인다면 아이는 감정 조절을 배울 수 없어요. 엄마가 먼저 자신의 감정을 다스려야 해요. 아이가 자신의 감정을 자연스럽게 표현할 수 있는 허용적인 분위기를 조성해야 합니다. 아이의 감정에 공감하기 위해선 엄마의 마음에 여유가 있어야 해요.

실천 TIP 이제는 이렇게 해보세요!

- 아이가 부정적인 감정을 보일 때 무조건 야단치거나 훈계해서는 안 됩니다. 아이가 극도의 흥분 상태일 때는 아이가 진정될 때까지 기다리는 것이 중요합니다. 아이의 부정적인 감정에도 충분히 공감해주세요. 아이가 진정된 후 대화를 나누어도 늦지 않습니다.
- 아이는 감정이 어른처럼 분화되어 있지 않습니다. 아이가 자신의 감정을 인지할 수 있도록 다양한 감정의 표현을 알려주세요. 먼저 언어로 감정을 표현하는 연습을 함께해주세요.
- 감정을 건강하게 조절하기 위해서는 세 단계가 필요합니다. 첫째, 감정 들여다보기. 둘째, 감정 표현 연습하기. 셋째, 감정 환기하기.
- 엄마가 먼저 자신의 감정을 잘 조절해야 합니다. 엄마의 마음에 여유가 생길 때 아이의 감정에 공감할 수 있습니다. 엄마부터 자신의 마음을 들여다보고 감정을 내려놓는 연습을 해야 합니다.

7

스스로 즐겁게 공부하는 아이, 마지못해 억지로 공부하는 아이

'자기 주도 학습'은 교육 현장에서 학부모에게나 교사에게나 가장 큰 화두입니다. "말을 물가에 데려갈 수는 있지만, 물을 마시게 할 수는 없다"라는 속담도 있습니다. 아무리 좋은 것이라도 억지로 시키면 별 소용이 없다는 뜻입니다. 여기서 놓치지 말아야 할 점은 '말을 물가로 데려간다'입니다. 억지로 해봤자 별 효과 없으니 알아서 할 때까지 손 놓고 기다리라는 뜻이 아닙니다. 목이 마를 때를 대비하여 물이 있는 곳은 어디인지, 그리고 물을 찾는 방법이 무엇인지를 알려주어야 합니다. "엄마, 저 오늘부터 공부할래요!"라고 말하기를 기다리는 것이 아니라 '어떻게 하면 공부에 재미를 붙일까'에 대해 기회를 열어두고 함께 고민하는 것입니다.

메타 인지가 높은 아이가 자기 주도 학습을 한다

교실에서 학습에 참여하는 아이들의 모습은 어떠할까요? 아이들이 학습을 참여하는 태도는 크게 수동형과 능동형으로 나눌 수 있습니다. 수동형은 누군가가 시키는 것만 하거나 시키는 것조차 하지 않습니다. 배움에 흥미가 있다기보다는 혼나지 않기 위해 혹은 칭찬받기 위해 하는 경우입니다. 배움의 의지가 타인에게 달려 있습니다. 대부분 아이는 수동형에 포함됩니다. 공부를 즐기며 하는 경우는 극히 드뭅니다. 능동형은 스스로 배움에 흥미와 의지를 지니고 자발적으로 참여합니다. 수업 시간에 스스로 공책 정리를 하고 교사의 설명에서 필요한 것을 필기합니다. 배움의 의지가 자신에게 있는 것입니다.

공부의 최종 목적은 스스로 생각하는 힘을 기르고 삶에서 직면하는 문제를 해결하기 위함입니다. 좋은 성적을 받아 명문 대학에 들어가기 위한 입시 공부는 한계가 있습니다. 주로 엄마 주도, 타인 주도로 이루어지기 때문이죠. 배움에 있어 가장 중요한 것은 아이가 스스로 공부해야 하는 이유를 찾는 것입니다. 능동적으로 학습에 참여하는 자기 주도 학습은 배우고자 하는 동기가 있을 때 가능합니다. 아이와 공부하는 이유에 관해 대화를 많이 나누어보는 것이 좋습니다. 아이가 당장에 뚜렷한 이유를 찾거나 동기를 가지긴 어렵습니다. 하지만 질문을 받는 순간 인간의 뇌는 사고 합니다. 질문을 받는 순간부터 아이는 끊임없이 공부하는 이유를 찾으려 노력하고 조금씩 해답을 찾게 됩니다.

자기 주도 학습은 아이가 배움의 주도권을 가질 때 가능합니다. 배움의 즐거움을 알고 배우고자 하는 동기가 있을 때 아이는 능동적으로 학습합니다. 스스로 선택하고 스스로 생각하는 과정이 자기 주도 학습입니다. 자신이 무엇을 공부해야 하는지 스스로 계획하고 실천하는 것입니다. 이를 위해선 메타 인지 능력이 필요합니다. 메타 인지란 자신의 인지 활동에 대한 인지를 말합니다. 즉 자신이 무엇을 알고 모르는지를 아는 인지 능력입니다. 학습에서 메타 인지는 목표 설정, 계획 수립뿐만 아니라 학습을 점검하는 반성적 사고에서 탁월함을 보여요. 자신이 잘하고 있는 것은 무엇인지, 보완할 점은 무엇인지 파악해서 더 나은 학습이 가능하게 합니다.

교육 전문가들은 사교육을 하지 않고 전교 상위권 성적을 유지하는 학생들의 공통점으로 메타 인지를 꼽았습니다. 메타 인지가 높은 아이들은 자신의 장단점을 알고 효율적인 학습 방법을 선택합니다. 자기 조절 능력이 높으므로 적절한 계획을 세우고 실천해요. 이러한 메타 인지는 5~7세 무렵에 발달하기 시작해 꾸준히 향상됩니다. 이때 적절한 발달 기회를 얻는 것이 중요해요. 메타 인지를 키우기 위해선 '목표 설정과 계획, 복습, 스스로 점검'에 집중해야 합니다. 사교육에 과도하게 노출되면 스스로 학습하는 능력이 떨어지게 됩니다. 학원에서 선행 학습을 했기에 제대로 모르면서 안다고 생각하기 쉬워요. 메타 인지는 온전히 혼자 힘으로 공부할 때 길러지는 것입니다.

자기 주도 학습을 위한 엄마의 역할

《혼자 하는 공부가 통한다》의 저자 연세대 교육학과 이규민 교수는 "엄마들이 자녀의 능력을 믿고 기다려야 한다. 아이들은 모두 자기 주도적 학습 능력이 있는데, 학부모들이 이를 인정하지 않고 학습 계획을 모두 짜놓는다. 아이들 스스로 전략적 사고를 할 기회가 없으면 아이들의 메타 인지는 퇴보한다"라고 말했습니다. 덧붙여 "공부는 인간 내면의 가장 기본적인 욕망이다. 누가 강요해서도, 억지로 시켜서도 아니라 '스스로 하고 싶어서' 하는 것이다. 누가 먹는 법, 자는 법을 가르쳐주지 않아도 아이들은 스스로 먹고 자는 방법을 아는 것처럼 학습 방법 또한 그러하다. 아이들은 스스로 배운다"라며 스스로 학습을 강조하였습니다.

아이의 학습에 대한 엄마의 욕심이 과해지면 아이는 공부하는 것에 거부감을 가지기 쉽습니다. 엄마는 아이의 학습에 관심은 두되 욕심을 내려놓아야 합니다. 아이가 성장함에 따라 엄마의 역할도 달라져야 해요. 점진적으로 학습의 주도권을 아이에게 넘겨주고 엄마는 조력자의 역할로 옮겨가야 합니다. 초등학교 입학 전 시기는 뇌 발달의 결정적 시기로 자존감과 자립심이 자라나는 중요한 시기입니다. 이때는 과도한 학습을 하는 것보다 아이가 다양한 경험을 하고 마음껏 놀 수 있는 환경이 중요합니다. 지나친 조기교육과 과도한 한글 교육으로 아이를 몰아세우지 말아주세요. 책을 혼자서 읽는 시기, 글자를 배우는 시기는 아이가 배우고 싶어 할 때가 적기입니다.

초등학교 저학년 때는 학습 습관을 형성하는 것에 초점을 맞추어야 합니다. 이때는 엄마가 함께 학습 계획을 세우고 학습 방법을 알려주는 것이 좋습니다. 아이와 대화를 나누어서 언제쯤 공부하면 좋을지, 독서는 몇 분 정도 하면 좋을지 정하도록 합니다. 엄마가 아이의 수준을 파악하고 그에 맞는 목표를 제시해 아이가 선택하도록 하는 것도 좋은 방법입니다. 중요한 것은 아이와 함께 결정하는 것입니다. 주로 학년에 10분을 곱하면(예: 2학년 20분, 5학년 50분) 혼자 집중하여 공부할 수 있는 적정 시간입니다. 오늘 공부할 분량을 일찍 채웠다고 다른 걸 더 시키기보다는 함께 기뻐하며 칭찬해주세요. 특히 숙제와 준비물 챙기기는 최소한으로 개입하고 아이의 몫으로 남겨두세요.

초등학교 중학년 때부터는 스스로 학습 계획을 세우고 실천할 수 있어야 합니다. 학습 시간도 학년에 맞게 30분씩 늘려가거나 학년×10분을 기준으로 삼으면 좋아요. 이때 아이의 학습 시간은 학교 공부, 학원, 과외 시간을 제외한 온전히 혼자 공부하는 시간이어야 합니다. 이때 선행 학습보다는 복습이 더 중요합니다. 그날 배운 것을 복습 공책에 정리하거나 문제집을 푸는 것만으로도 충분합니다. 선행을 한다면 1~2단원 혹은 1학기 정도의 분량이 적당합니다. 이때 엄마는 주도권을 아이에게 넘겨주고 관심만 두면 됩니다. 아이가 도움을 요청할 때는 언제든 도와줄 수 있는 거리가 적당합니다.

우리 아이 자기 주도 학습 역량 키우기

초등학교 1학년 신혜는 글을 쓰는 데 거부감을 느끼는 아이였습니다. 국어 활동 뒤편에 있는 '글씨를 바르게 써보아요'를 할 때면 눈물부터 훔쳤어요. 많은 글자를 한 번에 써야 하는 것에 부담을 느끼고 힘들어하였어요. 필기가 많은 국어 시간에 신혜는 연필조차 들지 않았습니다. 신혜가 할 수 있는 최소한의 필기만 하도록 하였지만, 거부감은 쉽게 사라지지 않았습니다. 부모님과 상담을 통해 이야기를 나눠보았습니다. 입학 전 신혜가 한글을 읽고 쓸 줄 몰라 조급한 마음에 아이를 다그치며 강제로 시켰다고 합니다. 불안감에 언성이 높아지고 혼을 냈더니 아이는 한글 공부라면 겁부터 냈답니다.

자기 주도 학습에서 가장 중요한 것은 아이의 의욕보다 엄마의 욕심이 앞서지 않는 것입니다. 자기 주도 학습은 아이가 배움의 즐거움과 필요성을 느끼고 스스로 하는 것이 핵심입니다. 엄마는 하고자 하는 마음이 들도록 다양한 자극과 기회를 제공해주는 역할을 해야 합니다. 아이의 의사는 무시하고 강압적으로 엄마의 욕심을 밀어붙이면 아이는 거부감을 느낍니다. 학습 이전에 스스로 선택하고 행동하는 경험을 많이 하도록 하는 게 좋습니다. 읽을 책 고르기, 옷 고르기, 마트에서 간식 고르기, 방 정리하기 등 아이의 일은 스스로 결정하도록 맡겨보세요. 혼자 힘으로 자기 일을 해결할 수 있는 아이가 자기 주도적으로 학습합니다. 문제집도 아이가 고르도록 하면 더욱 좋습니다.

일과 중 온 가족이 미디어 프리Media Free 시간을 가져보세요. 아이들만 TV, 컴퓨터, 스마트폰을 끄는 게 아니라 온 가족이 함께해야 합니다. 하루에 30분 혹은 주말에 한 시간, 요일이나 시간을 정합니다. 거실에 넓은 탁자를 두고 가족들이 둘러앉아 각자 할 일을 하면 됩니다. 보드게임을 하거나 잠시 산책을 다녀오는 것도 좋습니다. 아이가 집중해서 무언가를 할 수 있는 시간과 장소를 마련해주세요. 자기 조절 능력이 완전하게 발달하기 전인 초등학생의 경우는 이러한 환경을 만들어주는 것이 중요합니다. 엄마가 책상에 앉으면 아이도 그 옆에 책을 펴고 앉기 마련입니다.

엄마가 아이의 학습 하나하나를 평가하기 시작하면 공부가 스트레스가 됩니다. 공부를 진심으로 즐기면서 하는 아이들은 극소수입니다. 아이들도 공부해야 한다는 것은 알고 있습니다. 다만 마음처럼 되지 않을 뿐입니다. 조금 대충 하더라도, 글씨가 삐뚤더라도, 100점을 맞지 못했더라도 먼저 인정해주세요. "괜찮아, 다음에 더 잘할 수 있어." "노력한 만큼 결과를 얻는 거야." 자신이 한 만큼 결과가 따른다는 것을 아이가 스스로 느끼도록 해야 합니다. 하루에 10분이라도 괜찮습니다. 매일 꾸준히 하는 것이 중요합니다. 이때 아이가 학습 방법과 우선순위 정하기에 어려움을 겪는다면 엄마가 도와주는 것도 좋아요.

아이가 스스로 공부하기를 바라는 마음에 다그치고 닦달하면 아이는 공부와 더 멀어집니다. 공부와 멀어지는 것뿐 아니라 엄마와도 멀어집니다. 자기 주도 학습보다 중요한 건 아이와 좋은 관계를 유지하는 것입니다. 엄마는 적극적으로 아이가 학습에 참여할 수 있는 환경을 조성해주고 열린 마음으로 기다려야 합니다. 엄마에게 칭찬과 인정을 받는 경험이 반복되면 아이는 절로 공부하고 싶은 마음이 생깁니다. 처음에는 엄마에게 잘 보이기 위해 하다가 나중에는 자신을 위해 공부하게 됩니다. 스스로 공부한 아이가 자기 삶을 스스로 이끌어나갈 수 있습니다. 지금 아이의 행복을 미래의 성적을 핑계로 빼앗아선 안 됩니다. 지금 행복한 아이가 미래에 자신의 삶을 성공적으로 이끌 수 있습니다.

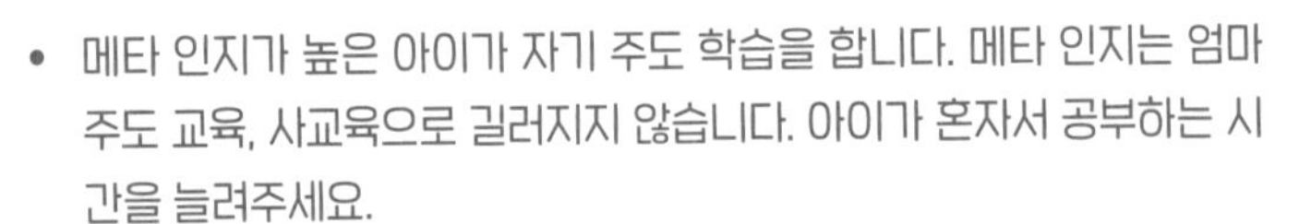

- 메타 인지가 높은 아이가 자기 주도 학습을 합니다. 메타 인지는 엄마 주도 교육, 사교육으로 길러지지 않습니다. 아이가 혼자서 공부하는 시간을 늘려주세요.
- 초등학교 저학년에는 공부 습관을 기르는 데 집중해주세요. 아이와 대화를 나누고 적절한 공부 시간을 정해 함께 공부하도록 합니다. 초등학교 중학년 이후부터는 아이가 스스로 하도록 도와주세요. 엄마는 관심은 가지되 한 발짝 물러나 주도권을 아이에게 주어야 합니다.
- 학령기 전 아이가 스스로 선택하고 선택에 책임을 지는 경험을 많이 하도록 해주세요. 자기 주도 학습의 밑거름이 됩니다.
- 자기 주도 학습 능력보다 중요한 것은 아이와 좋은 관계를 유지하는 것입니다. 학습은 아이의 몫으로 돌려주고 엄마의 감정을 앞세워 다그치지 않도록 합니다.

5장

엄마의 내려놓는 용기:
믿어주고 내려놓기 위한
열 가지 습관

1

엄마가 편안하지 않으면 아이는 엄마 눈치를 본다

아이에게 어른스럽다고 하는 말은 마냥 칭찬으로만 받아들일 수 없어요. 또래보다 어른스러운 아이는 대체로 불우한 가정환경을 가졌거나 엄마로부터 하소연을 많이 들었을 확률이 높아요. 엄마가 편안하지 않으면 아이는 엄마 눈치를 봅니다. 엄마의 삶을 가장 가까이에서 들여다보는 아이는 누구보다 엄마가 행복하길 바랍니다. 자신이라도 엄마를 행복하게 해주고 싶다는 생각을 하게 돼요. 아이는 생각보다 민감해서 엄마의 표정에서 많은 것을 읽습니다. 자기로 인해 엄마가 불행해질까 봐 전전긍긍합니다. 아이가 엄마 눈치를 살피게 해서는 안 됩니다. 정서적 보살핌을 받아야 하는 사람은 엄마가 아니라 아이입니다. 아이가 아이답게 지낼 수 있도록 엄마가 먼저 마음의 안정을 찾아야 합니다.

1학년이었던 유희는 매일 아침 제일 일찍 학교에 와 제일 늦게 하교했습니다. 유희는 일주일씩 같은 옷을 입고 오고 머리는 늘 헝클어져 있었어요. 장사를 하시는 부모님이 아침 일찍 나가시고 저녁 늦게 집에 오셔서 유희를 살뜰히 챙겨주지 못하셨어요. 어버이날 부모님께 편지를 쓰는 시간이었습니다. 유희가 아무것도 쓰고 있지 않기에 "유희야, 뭐라고 써야 할지 모르면 '부모님, 키워주셔서 감사합니다'라고 쓸까?"라고 했어요. "엄마는 매일 화만 내고 아빠는 잔소리만 해서 싫어요." "유희가 많이 속상하겠구나." "엄마가 저 때문에 힘들어서 못 살겠다고 했어요." 유희는 이유도 모른 채 엄마의 감정 쓰레기통이 되어 있었습니다.

물이 높은 곳에서 아래로 흐르듯, 감정 역시 높은 곳에서 낮은 곳으로 흘러갑니다. 엄마와 아이 중 더 높은 곳은 당연히 엄마입니다. 엄마의 마음이 불안정하면 아이의 사소한 행동에도 쉽게 화가 나고 잔소리를 하게 됩니다. 아이를 받아줄 마음의 여유가 없습니다. 엄마가 별일 아닌데도 쉽게 화를 내고 과민하게 반응하면 아이는 사랑받는 느낌을 받지 못합니다. 자신의 존재가 하찮게 느껴지고 자신의 소중함을 깨닫지 못합니다. 받아들여짐을 경험하지 못한 아이들은 자존감이 낮아 주눅 들거나 반항적인 태도를 보이곤 합니다.

아이가 행복하려면 엄마가 먼저 행복해야 합니다. 엄마가 자기 삶을 돌아보고 자신을 존중해야 해요. 엄마의 자존감이 아이에게 대물림됩니다. 자신을 존중할 줄 모르는 엄마가 아이를 온전히 존중하기 어렵습니다. 엄마는 자신의 마음을 들여다보고 다독일 시간이 필요해요. 아이를 위해 희생하고 자신의 시간을 아이를 위해서만 사용하면 금방 지칩니다. 엄마만을 위한 공간과 시간이 필요합니다. 마음을 정비하고 여유를 가지고 아이를 대할 때 너그럽고 온화한 엄마가 될 수 있습니다. 자신의 삶을 즐기는 엄마를 보며 아이는 더 많은 것을 배웁니다.

때론 감정이 올라와 화를 낼 수도 있어요. 엄마도 사람이니까 당연합니다. 엄마와 아이가 함께 걸어야 할 여정은 길고 긴 마라톤입니다. 하루 화낸다고 해서 아이가 엄마의 사랑을 몰라주는 것은 아닙니다. 아이는 누구보다 자신을 사랑해주는 사람을 알아보고 사랑을 느낍니다. 하루하루 일비일희하기보다는 폭넓은 시야를 가지고 아이를 대해야 합니다. 엄마의 감정이 올라올 때는 잠시 그 자리에서 벗어나는 것도 좋은 방법입니다. 엄마와 아이는 서로 싸우는 관계가 아닙니다. 엄마는 아이를 가르치고 보듬어주어야 합니다. 마음을 차분히 한 후 대화를 해도 늦지 않습니다.

일주일에 하루, 아니 한 시간이라도 괜찮아요. 혼자서 끙끙 앓기보다는 주변에 도움을 청해 혼자만의 시간을 가져보세요. 부부가 번갈아가며 시간을 가져도 좋습니다. 서점 가기, 공원 산책하기, 공연 보기, 카페 가기 등 육아로 미뤄둔 일들을 하나씩 해보세요. 온전히 자신만을 위한 재충전의 시간을 가져야 합니다. 아이에게 죄책감을 느낄 필요는 없습니다. 엄마를 위한 투자는 아이에게도 플러스가 됩니다. 자신의 일상을 풍요롭게 채울 수 있는 엄마가 아이의 하루도 풍요롭게 채울 수 있습니다. 마음의 여유가 있는 엄마가 지치지 않고 긴 경주를 완주할 수 있어요.

2

모범의 힘,
아이는 늘 부모를 바라보고 있다

부끄러운 고백을 할게요. 3월, 교실에서 아이를 제지하기 위해 혹은 주의를 끌기 위해 "야!"라고 소리를 많이 쳤어요. 어느 순간 우리 반에서 가장 많이 들리는 말이 "야!"가 되고 말았습니다. 아이들이 친구에게 화가 나면 "야!"라고 소리를 치더라고요. 안 좋은 것일수록 아이들은 쉽게 배우고 금방 따라 합니다. 아이들이 언성을 높이며 친구에게 "야!"라고 소리치는 모습을 본 순간 크게 반성했어요. '교사인 나부터 행동을 바로 해야겠구나.' 아이들은 자극적이고 위험한 것은 더 빨리 배웁니다.

사제동행이란 말이 있어요. 교사가 아이와 함께 모든 활동을 하며 모범을 보이는 것이죠. 아침 독서 시간에는 함께 책을 읽고 청소 시간에는 함께 청소합니다. 아이의 인성 교육은 모범을 보여주는 것에서 비롯됩니다.

아이들이 쉽게 따라 하는 이유는 사람의 뇌에 '거울 신경'이 있기 때문입니다. 이탈리아의 신경생리학자 자코모 리졸라티Giacomo Rizzolatti는 원숭이를 대상으로 뇌 체계를 연구하다 거울 신경을 발견하였습니다. 거울 신경은 원숭이보다 사람이 훨씬 발달해 있어요. 다른 사람의 행동을 보기만 해도 자신이 하는 것처럼 뇌 신경세포가 활성화됩니다. 앨버트 반두라의 관찰 학습 이론에 따르면, 인간은 직접 경험뿐만 아니라 타인을 관찰하고 모방함으로써 학습한다고 합니다. 대부분의 학습은 타인, 책 또는 TV 속 인물을 보고 따라 함으로써 이루어진다는 연구 결과도 있습니다.

모방은 본능입니다. 어린아이일수록 모방의 본능이 더욱 두드러집니다. 지금 바로 드러나지 않을 수도 있어요. 하지만 오래 보고 자란 부모의 가치관, 태도, 언어 습관, 사고방식은 누적되어 아이에게 지대한 영향을 끼치게 됩니다. 아이의 성격, 인지 및 정서적 능력, 가치관 등 부모로부터 상당 부분 영향을 받습니다. 아이가 가장 먼저 만나고 가장 가깝게 지내는 사람은 부모입니다. 부모는 아이의 첫 학습 모델입니다. 부모는 아이가 삶을 바라보는 창이 되고 아이는 부모의 거울이 됩니다.

엄마는 아이에게 바라는 것을 말로만 하지 말고 직접 행동으로 실천해야 해요. 아이가 책 읽기를 바란다면 엄마가 먼저 책을 읽는 모습을 보여주어야 합니다. 아이가 바른말을 사용하길 바란다면 엄마가 먼저 올바른 언어 습관을 들여야 합니다. "공부해라"라고 백 마디 하는 것보다 엄마가 먼저 책상에 앉아 공부하는 모습을 보여주는 것이 효과적입니다. 엄마의 실천과 모범이 아이에게 가장 큰 자극제가 됩니다. 아이의 집중력이 부족하다면 엄마가 함께 무언가에 집중하는 시간을 가져야 해요. 그 어떤 값비싼 사교육보다 가장 효과적인 것은 엄마가 본보기가 되는 것입니다.

아이는 엄마의 행동뿐만 아니라 엄마의 사고방식을 닮습니다. 엄마가 부정적으로 생각하고 비관적으로 세상을 바라보면 아이도 세상을 부정적으로 바라봅니다. 엄마가 긍정적으로 표현하고 사고하면 아이 역시 낙관적이고 긍정적으로 생각합니다. "괜찮아. 다시 하면 돼." "비 때문에 소풍 못 가서 아쉽지만 대신 집에서 맛있는 거 해 먹자." 엄마가 긍정적으로 사고하고 아이에게 표현하면 아이는 스스로 '긍정적 독백'을 합니다. '괜찮아. 나는 할 수 있어'라고 다짐합니다. "내가 하는 일이 그렇지." "역시 안 돼"라고 부정적으로 표현하면 아이는 해보기도 전에 자포자기해버립니다. '어차피 난 안 돼.' 단념해버립니다.

아이에게 원하는 것을 요구하기 전에 엄마는 자신을 돌아보아야 합니다. 행동은 말보다 더 강력합니다. 삶을 즐기면서 보내고 있나요? 자기계발을 위해 투자하고 있나요? 다른 사람을 따뜻하게 대하나요? 감정 조절을 잘하고 있나요? 책임감 있는 모습을 보여주었나요? 부모의 양육 태도와 집안 환경의 분위기는 아이에게 지대한 영향을 끼칩니다. 아이는 부모를 보며 자신을 봅니다. 위인들의 엄마가 모두 학력이 높거나 부자였던 것은 아닙니다. 그들의 공통점은 스스로 아이들의 모범이 되었다는 것입니다. 아이가 하길 바라는 행동을 엄마와 아빠가 먼저 실천하여 본보기가 되어야 합니다.

3

약이 되는 칭찬,
독이 되는 칭찬

《칭찬은 고래도 춤추게 한다》라는 책이 있습니다. 칭찬은 듣는 사람의 기분을 단번에 좋게 하는 마법 같은 힘을 가졌어요. 칭찬은 의사소통에 있어 마음의 문을 활짝 열어주는 매개체입니다. 우리가 주목해야 할 점은 독이 되는 칭찬과 약이 되는 칭찬을 구분하는 것입니다. 칭찬도 과유불급입니다. 과한 칭찬을 들은 아이는 자기중심적이 되거나 낮은 자존감을 갖게 됩니다. 조건 없이 아이를 사랑하되 조건적으로 칭찬해야 합니다. 아이가 특별한 존재임을 깨닫게 해주되 특별한 대우를 해선 안 됩니다. 다른 사람도 마찬가지로 특별하고 소중함을 알게 해주어야 합니다.

교실에는 칭찬과 인정에 목말라하는 아이들이 많습니다. 때론

이 목마름이 과해서 해선 안 되는 행동을 하기도 합니다. 받아쓰기를 100점 맞기 위해 책상 밑에 정답지를 두고 보는 아이, 다른 아이의 시험지를 보고 답을 옮겨 적는 아이, 다른 아이의 칭찬 스티커 혹은 칭찬 쿠폰을 몰래 가져가는 아이…. 때로는 칭찬받기 위해 혹은 칭찬 후 받는 보상을 위해 수단과 방법을 가리지 않기도 합니다. 칭찬이나 보상이 목적이 되면 아이들은 수단을 가리지 않습니다. 아이에게 "80점도 잘했는데 다음에는 100점 받아 와. 100점 맞으면 새 휴대폰으로 바꿔줄게." 엄마의 말 한마디에 아이의 마음속에는 100점과 1등만 가치 있는 것, 엄마를 기쁘게 하는 것으로 자리 잡습니다.

칭찬에도 올바른 전략이 필요합니다. 첫 번째로 능력과 결과보다는 행동과 과정을 칭찬해야 합니다. 심리학자인 미국 스탠퍼드 대학 캐럴 드웩Carol Dweck 교수는 칭찬에 관한 실험을 했어요. 수준이 비슷한 초등학생을 두 집단으로 나누고 쉬운 문제를 풀게 했습니다. 한 집단에는 "너는 머리가 좋아. 똑똑해"라고 능력을 칭찬하였고 다른 집단에는 "열심히 했구나"라며 노력을 칭찬하였습니다. 이어 쉬운 문제와 어려운 문제를 제시하여 두 집단 아이들에게 선택하라고 하였습니다. 능력을 칭찬받은 아이들은 대부분 쉬운 문제를 선택했지만, 노력을 칭찬받은 아이들의 90퍼센트는 어려운 문제를 선택했어요.

아이의 능력을 추켜세우고 결과만 칭찬하면 다음에도 능력을 증명하고 싶어 합니다. 실패를 겪거나 실수를 하면 '나는 능력이 없어'라며 쉽게 포기하게 됩니다. 노력과 과정을 칭찬하면 실패해도 노력이 부족했다고 생각하므로 끈기를 가지고 노력하게 됩니다. 아이의 결과를 지나치게 부풀려 칭찬하면 아이의 부담감이 커집니다. 스스로 노력하여 바꿀 수 있도록 결과보다는 과정에 초점을 맞추어 칭찬해주어야 합니다. 그러기 위해서는 엄마가 항상 관심을 가지고 아이를 지켜보고 관찰해야 해요. 아이가 스스로 노력하길 바란다면 엄마가 먼저 과정에 관심을 두고 적극적으로 칭찬해야 합니다. 결과를 칭찬하기는 쉽습니다. 과정을 칭찬하는 것은 곁에서 함께하며 지켜보았을 때 가능합니다.

두 번째는 판단보다는 느낀 점이나 구체적인 사실을 들어 칭찬해야 합니다. "잘했어" "최고야"라는 칭찬보다는 "혼자서 방 정리를 하니 깨끗하고 좋구나" "혼자 심부름을 하다니 씩씩해" "동생에게 먼저 양보해주어서 고마워"라고 하는 게 좋습니다. 엄마의 마음을 말로 표현하는 것만으로 충분히 칭찬받고 인정받음을 느낄 수 있습니다.

세 번째는 칭찬을 미루지 않고 즉시 하는 것입니다. 인생은 타이밍이라는 말처럼 칭찬 또한 시기가 중요합니다. 아이가 바람직한 행동을 했을 때 미루지 않고 바로 칭찬해주어야 합니다. 아이들은 어떤 행동 후 즉각적인 반응을 기대합니다. 말로 표현하는 칭찬뿐만 아니라 비언어적인 칭찬도 효과적입니다. 한 번 더 쓰다

들어주고 한 번 더 웃어주세요.

칭찬을 받으면 뇌에서 도파민이 나오고 더불어 면역 강화 물질인 인터루킨이 분비됩니다. 칭찬 한마디에 면역 체계도 튼튼해지고 정서적 안정감도 느끼게 되죠. 아이의 단점, 약점보다는 강점, 장점에 초점을 맞추고 현명하게 칭찬해주어야 합니다. 엄마가 아이의 행동에 긍정적인 반응을 꾸준하게 보이면 아이는 성취감을 느끼고 주도적으로 자라게 됩니다. 올바른 칭찬은 엄마의 평가가 아닌 격려와 응원이 되기 때문입니다. 더불어 자신에 대한 만족도와 믿음도 커집니다. 적절한 칭찬과 격려로 아이가 올바른 선택을 하도록 이끌어주고 스스로 하고자 하는 단단한 마음을 길러주세요.

4

훈육,
차분하되 짧고 단호하게

윽박지르거나 화내지 않고 아이를 키우는 게 가능할까요? 많은 엄마가 화를 내고 혼내는 게 도움이 되지 않는다는 걸 알고 있습니다. 다만 맘처럼 되지 않지요. 처음에는 참아보고 좋게 타이르지만, 때론 주체할 수 없는 화에 사로잡힙니다. 아이는 예측불허이고 종잡을 수 없습니다. 속에서 열이 오르니 감정이 앞섭니다. 불같이 화를 내고 돌아서서 안쓰러워하는 일상이 하루에 열두 번도 더 반복됩니다. 엄마가 명심해야 할 점은 화내고 혼내는 것은 아이를 굴복시키기 위함이지 훈육이 아니라는 사실입니다. 훈육이란 아이에게 옳고 그름을 알려주고 지켜야 할 것을 가르쳐주는 것입니다. 아이의 실수와 잘못을 통해 올바른 판단을 내릴 수 있도록 도와주는 것임을 잊지 말아야 해요.

훈육에도 적절한 시기가 있습니다. 뉴욕대학 의과대 소아신경과의 카렌 홉킨스Karen Hopkins 교수는 만 3세 이전에 지나치게 꾸중을 하거나 훈육을 하면 뇌 발달에 부정적인 영향을 끼친다고 하였습니다. 이 시기 아이의 뇌 안에서는 1조 개의 뉴런이 서로 연결되어 시냅스를 형성합니다. 이때 과한 통제를 받거나 심한 야단을 맞으면 좌뇌 측두엽이 충분히 발달하지 않아 감정이 없는 아이로 자라게 됩니다. 야단맞은 나쁜 감정 기억이 시냅스 연결을 방해하기 때문입니다. 만 3세 이후부터는 적절한 통제와 훈육이 필요합니다. 아이들은 지켜야 할 경계선을 인지할 때 안정감을 느낍니다. 정당한 훈육은 전두엽을 단련시켜 판단력과 절제력을 키워줍니다.

훈육할 때 가장 중요한 점은 아이에게 무엇을 가르쳐줄지를 정하는 것입니다. 아이의 잘못을 비난하고 잔소리만 늘어놓으면 아이는 정작 중요한 것을 배우지 못합니다. 아이가 잘못했을 때는 새로운 가르침의 기회로 삼아야 합니다. "하지 말라고 했지. 엄마가 널 그렇게 가르쳤어?" "정리하라고 몇 번 얘기했는지 알아? 너는 애가 왜 그 모양이야?" 빈정거리는 꾸지람은 아이가 현명한 판단을 내리는 데 도움이 되지 않습니다. 아이를 훈육할 때는 엄마가 차분하되 단호한 말투로 아이가 배워야 하는 행동에 대해 짧게 말하는 것이 좋습니다. 인격이나 성격에 초점을 맞추어 말하기보다는 현재 상황과 문제 행동에 대해서만 훈육해야 합니다.

훈육에도 공감이 필요합니다. 아이는 생각보다 행동이, 말보다 몸이 앞설 때가 많습니다. 훈육하기 전에 아이의 마음에 먼저 공감을 해주어야 합니다. "화가 많이 났었구나" "짜증 나서 그랬어?"와 같이 아이의 마음을 먼저 읽어주거나 물어봐 주세요. 아이의 마음은 공감해주되 잘못된 행동에 대해선 단호하게 제지해야 합니다. "아무리 화가 나도 물건을 던지면 안 돼." 안 되는 행동을 정확하게 알려주어야 합니다. 이때 아이와 눈높이를 맞추는 것이 좋습니다. 아이들은 유창하게 이유를 설명하기 어렵고 때론 진심으로 이유를 모르기 때문에 '왜'에 집착하지 않는 편이 좋습니다. "왜 그랬어?"보다는 "어쩌다가 그랬어?"라고 묻는 것이 더 효과적입니다.

훈육을 올바르게 하기 위해선 엄마가 감정 조절을 잘해야 합니다. 감정이 앞선다면 잠시 자리를 피하거나 속으로 10초를 세는 것이 좋습니다. 크게 심호흡을 세 번 하는 것도 마음을 가다듬는 데 효과적입니다. 엄마가 흥분하여 화를 내면 아이는 자신이 잘못했다고 생각하기보다는 엄마가 화풀이한다고 생각합니다. 아이 역시 감정이 앞서 대화가 어렵고 통제가 되지 않는다면 잠시 타임아웃을 가지는 것이 좋아요. 마음을 추스를 수 있는 공간에 앉아 시간을 가진 후 다시 대화를 나눕니다. 이때는 아이가 무료함을 느낄 수 있는 공간이 좋습니다. 아이에게 벌의 개념보다 "잠시 마음을 진정하기 위해 앉는 의자야"라고 설명해주도록 합니다. 마음이 진정된 후에는 반드시 대화를 나누어야 해요.

훈육할 때 엄마는 이전의 잘못까지 끌어와 아이를 늘 잘못하는 아이로 만들기도 합니다. '항상 잘못하는 아이'가 되어버린 아이는 스스로에게 부정적인 평가를 내리고 '난 나쁜 아이야'라고 생각하게 됩니다. '난 원래 나쁜 아이니까'라는 이유로 자신의 문제 행동을 합리화하기도 합니다. 문제 행동을 반복적으로 하는 이유는 문제 행동을 할 때만 관심을 받기 때문이기도 합니다. 아이가 잘못할 때만 주목하지 말고 잘할 때도 주목하고 칭찬하고 인정해주어야 합니다. 아이들은 엄마의 관심과 인정에 목말라 있습니다. 무관심에 놓이기보다는 문제 행동이라도 일으켜서 관심을 받고 싶어 합니다. 훈육 후에는 잘못된 행동과는 상관없이 항상 아이를 사랑하고 아끼고 있다는 것을 아이가 느끼도록 표현해주어야 합니다. 한 번의 포옹으로 아이는 불안감을 떨칠 수 있어요. 훈육 후에는 꼭 껴안고 "엄마 아빠는 너를 무척 아끼고 사랑한단다"라고 이야기해주세요.

5

독서, 문해력은 모든 공부의 시작이다

아이들의 문해력이 위기입니다. 글을 읽어도 의미를 이해하지 못하고, 문제를 풀 때 질문을 이해하지 못해 답을 적지 못합니다. 이것은 아이의 문제만이 아닙니다. 성인의 문해력도 점점 떨어지고 있습니다. 간단한 테스트를 통해 지금 글을 읽는 엄마의 문해력을 확인해보세요.

다음은 KTX 열차의 할인 제도입니다. 두 중학생 자녀를 둔 부부가 '서울-부산' 구간의 왕복 승차권을 구입할 때, 얼마를 내야 할까요?

※ 할인율: 가족 중 최소 세 명 이상(어른 한 명 포함)이 이용하는 경우 어른 운임의 30퍼센트 할인

[서울-부산 간 편도 요금]

	어른	청소년
정상 요금 30퍼센트 할인 요금	50,000원 35,000원	30,000원 21,000원

① 190,000원 ② 224,000원
③ 260,000원 ④ 274,000원

위 문제는 EBS 프로그램 〈당신의 문해력〉에서 성인의 문해력을 파악하기 위해 낸 문제입니다. 정답을 찾으셨나요? 정답은 ③번입니다. "말귀를 못 알아듣는다"라는 말이 있습니다. 요즘은 글을 읽어도 뜻을 이해하지 못하는 '글귀를 못 알아듣는' 사람들이 점점 늘고 있어요.

글을 읽고 이해하는 것은 우리의 삶에서 가장 중요하고 필요한 능력입니다. 모든 지식은 문자에서 시작됩니다. 책, 오디오북, 동영상을 통해 정보를 접할 때 각 매체에 따른 뇌의 활성화 여부를 실험한 연구가 있습니다. 정보처리와 상위 인지를 담당하는 전전두엽은 책을 읽을 때 가장 활발히 활성화됩니다. 같은 정보를 받아들여도 책을 읽을 때 우리는 더 많이 뇌를 쓰고 생각합니다. 요즘에는 정보를 접하는 방법이 다양해지고 편리해졌어요. 스마트폰, 유튜브, 인터넷 검색으로 원하는 정보를 손쉽게 찾을 수 있습니다. 적절하고 유익한 정보를 선택하는 작업과 그것을 활용하는 것은 온전히 개인의 능력에 달렸습니다. 이러한 능력은 독서를 통해 키울 수 있습니다.

아침 활동 시간 아이들이 읽는 책을 살펴보면 학습 만화가 80퍼센트를 차지합니다. 학습 만화가 나쁜 것은 아닙니다. 책에 흥미를 느끼게 하고 정보를 쉽게 이해할 수 있게 해줍니다. 하지만 학습 만화만 읽는다면 문제가 됩니다. 수준에 맞는 책을 읽는 것이 문해력과 사고력을 키우는 데 좋습니다. 중요한 것은 '독서'를 강조하기보다 '독서의 즐거움'을 깨닫게 해주는 것입니다. 독서는 아이의 흥미에서부터 시작하는 것이 좋아요. 일주일에 한 번, 한 달에 두 번 정도는 도서관이나 서점에 가서 아이가 읽고 싶은 책을 고르게 해주세요. 직접 고르기 어려워한다면 아이가 평소 관심 있어 하는 분야를 추천해주는 것도 좋습니다. 이때 아이의 발달 정도와 수준에 맞는 책이어야 합니다.

책을 좋아하는 아이가 되기 위해선 유아기 때부터 엄마가 책을 읽어주는 것이 좋습니다. 아직 어린아이라면 글보다는 그림에 반응하고 시선이 오래 머무릅니다. 단순히 글만 읽어주기보다는 그림을 보며 이야기하는 것이 아이의 흥미를 끄는 데 더 효과적입니다. 아이가 혼자 글을 읽을 때쯤 되면 소리 내어 읽게 합니다. 소리 내어 읽으면 문장 구성을 더 잘 이해할 수 있습니다. 모르는 단어는 형광펜으로 긋고 독서 후에 찾아보는 활동을 함께하면 더욱 좋습니다.

소리 내어 읽는 것이 능숙해지면 자신이 선택한 책의 내용을 하루에 서너 문장씩 따라 쓰게 해보세요. 필사를 통해 맞춤법을 교정하고 좋은 문장을 쓰는 능력도 기를 수 있습니다.

책을 항상 가까이할 수 있는 편안한 공간과 환경을 조성해주는 것도 중요합니다. 책은 잡지를 진열하듯이 표지가 보이도록 꽂아두어 손쉽게 꺼낼 수 있도록 해주세요. 아이가 편안하게 앉거나 누울 수 있도록 푹신한 소파나 매드리스를 깔면 더욱 좋습니다. 거실이나 아이 방 곳곳에 아이 손닿는 곳마다 책을 두고 언제든 책을 펼칠 수 있는 환경이 되도록 해주세요. 무엇보다 엄마가 먼저 책 읽는 모습을 보여주고 온 가족이 함께 책 읽는 시간을 가지면 금상첨화입니다. 한 권의 책을 끝까지 다 읽지 않아도 괜찮습니다. 독서의 즐거움을 알고 꾸준히 독서하는 습관을 기르는 것이 중요합니다.

아이들이 책을 싫어하게 되는 가장 큰 이유는 무엇일까요? 한 독서회에서 조사한 바로는 쓰기 싫은 독후감(38퍼센트)이 1위였다고 합니다. 독서하고 난 후 꼭 독후 활동을 해야 하는 것은 아닙니다. 책을 읽고 자기 생각을 말하고 쓰면 더 좋겠지만 강요할 필요는 없습니다. 독서가 아이에게 스트레스가 되지 않고 즐거움으로 남도록 엄마가 도와주어야 해요. 책을 통해 많은 것을 알려주려 하기보다는 아이가 책을 통해 스스로 알아가도록 도와주어야 합니다. 많은 국제적 연구 결과에 따르면, 최대한 이른 시기에 일상에서 엄마가 소리 내어 책을 읽어주면 아이의 문해력이 높아진다고 합니다. 그러니 아이의 황금 시기를 바쁘다는 핑계로 흘려보내지 말고 아이를 무릎에 앉히고 책을 펼치는 것부터 시작해보세요.

6

독립적인 부모가 독립적인 아이로 키운다

유난히 아이를 믿지 못하고 사사건건 간섭하는 엄마는 불안이 높습니다. 불안과 걱정이 커 자신이 직접 하지 않으면 견디지 못합니다. 아이 일이라면 희생을 마다하지 않고 무엇이든 다 해주려는 엄마. 아이의 일에 무관심하고 아이가 어떤 일을 하든 방임하는 엄마. 이 엄마들의 어린 시절을 살펴보면 양육자로부터 건강한 보살핌을 받지 못한 경우가 많습니다. 엄마들은 자신이 어릴 적 경험한 양육 방식대로 아이를 키우는 경향이 커요. 엄마는 과거 양육자와의 관계에서 온 정서적 결핍이 현재 아이와의 관계에 영향을 미치는지 생각해보아야 합니다.

3학년 담임을 할 때 매일 연락해오는 어머님이 계셨습니다. 어머님은 아이가 스스로 하지 못한다는 불안이 컸습니다. 열 살 아이가 충분히 할 수 있는 것도 교사에게 연락해 한 번 더 확인받길 원했어요. 감기 걸린 날에는 점심 먹고 감기약 먹기, 하교 후 학원 차 타야 하는 시간과 장소, 오늘 가야 하는 방과 후 수업 등 사소한 것까지 하나하나 확인하고 챙겨주어야 마음이 놓인다고 하셨습니다. 어머니께 아이가 충분히 혼자서 잘할 수 있다고 말씀드렸지만 나아지진 않았습니다. 지나친 간섭과 통제로 인해 아이는 자존감이 낮고 의욕 없는 모습을 보였습니다.

엄마가 과거 양육자와 건강한 애착 관계를 형성하지 못하고 심리적 독립에 실패했다면 현재 아이에게 영향을 줍니다. 과거 양육 경험에서 비롯된 정서적 결핍과 불안을 아이를 통해 충족하려고 하기 때문입니다. 아이가 스스로 하도록 지켜보기보다는 직접 해줌으로써 엄마의 존재감을 확인받고 싶어 합니다. 아이에게 지나치게 집착하거나 혹은 방임하게 됩니다. 아이 또한 불안감이 높고 다른 사람을 통해 자신의 존재를 확인받고자 하는 낮은 자존감을 가지게 돼요. 정서적 대물림이 되고 맙니다. 엄마의 불안정한 심리 상태는 아이의 건강한 자립에 걸림돌이 됩니다.

엄마와 아이 사이에도 적절한 거리가 필요해요. 아이가 성장함에 따라 엄마도 성장해야 합니다. 아이가 성인이 되면 엄마로부터 심리적·경제적 독립을 해야 합니다. 엄마의 눈에는 아직도 작고 여린 아이로 보일 것입니다. 진정으로 아이를 위한다면 품에 넣고 가두어선 안 됩니다. 품 밖으로 내보내는 연습을 해야 합니다. 엄마가 먼저 심리적 독립을 해야 합니다. 아직 마음속에 웅크리고 있는, 과거 엄마로부터 상처받았던 내면의 아이와 마주해야 합니다. 객관적으로 바라보고 내면의 아이를 성인이 된 자신이 위로해 주어야 해요. 내면의 아이를 인정하고 받아들일 때 불안을 내려놓고 여유를 가지게 됩니다.

아이가 성장할수록 엄마는 너 해주려는 마음을 버리고 욕심을 내려놓는 연습을 해야 합니다. 처음 아이가 태어났을 때는 그저 아이가 건강하기만을 바랍니다. 하지만 아이가 성장함에 따라 바라는 것이 많아집니다. 소중하게 여기는 마음이 집착으로 변해서는 안 됩니다. 소중하기에 쥐려 하지 말고, 소중하기에 놓아주어야 합니다. 아이의 생각하는 힘이 자라고 단단해지면 엄마는 조력자의 역할만 해주어도 충분합니다. 엄마 역시 자신을 위한 투자를 해야 해요. 하고 싶었던 공부나 취미를 즐기고 자신을 위한 시간과 공간을 가져야 합니다. 자신을 돌보며 여유를 되찾으면 활기가 생깁니다. 이 활기로 아이를 더 사랑하고 지원할 수 있어요.

주변에 부모에게서 독립하지 못하고 희생도 마다하지 않는 사람을 더러 볼 수 있습니다. 부모를 끔찍하게 생각하는 효녀·효자라고 칭송받는 사람들입니다. 하지만 건강한 독립을 했다고는 볼 수 없어요. 도움이 필요할 때 도와주는 것은 당연한 도리이지만 지나치면 문제가 됩니다. 어린 시절 사랑을 충분히 받지 못해서 부모

곁을 맴돌며 애정을 갈구하거나 부모에게 필요한 존재로 인정받고 싶기 때문일 수도 있습니다. 부모와 자식 간에도 서로의 삶을 구분하는 경계선은 명확해야 합니다. 엄마가 먼저 그 경계선을 그어야 합니다. 엄마가 독립적이고 안정되어야 아이도 정서적 안정을 느끼고 독립적으로 성장합니다.

7

눈을 맞추고 감정을 헤아리는 엄마의 긍정 대화법

10년 넘게 교직 생활을 하며 매일 아침 다짐했던 것이 있습니다. '감정을 앞세워 화내지 말아야지.' '모진 말로 상처 주지 말아야지.' 매일 다짐을 하지만 매일 되지 않기도 합니다. 교사도 사람인지라 어쩔 수 없이 화가 차오르고 같은 말을 반복해야 하는 상황에 감정이 넘치기도 합니다. 아이들은 아직 이성적인 사고와 판단이 불안정하다는 것을 인지하면서도 일상이 된 감정 소모가 버거울 때가 있습니다. 매일 아이를 마주하고 씨름해야 하는 엄마도 마찬가지일 것입니다. 아이에게 모진 말을 하고 남몰래 눈물을 훔치는 밤도 많았겠지요. 감정적으로 아이를 몰아붙이고 모진 말을 한다고 해서 아이는 바뀌지 않습니다. 마음이 후련해지지도 않고요.

아이와의 관계를 망치는 엄마 대화

1학년 아이 중 유난히 지각이 잦은 아이가 있었습니다. 8시 40분까지 학교에 도착해야 할 아이가 9시까지 오지 않아 어머니께 전화를 드렸어요. 학교 앞에 도착했는데 아이가 차에서 울고 있다고 하셨습니다. 사정을 들어보니 아이가 늦장을 부려 아침마다 지각하게 되니 모진 말로 화를 심하게 내셨다고 합니다. 아직 눈물이 고인 채 교실에 들어온 아이는 어두운 표정으로 수업에 집중하지 못했습니다. 아침부터 엄마에게 비난받은 아이가 기분 좋게 하루를 시작할 수 있을 리가 없어요. 아이가 들었을 법한 모진 말을 떠올려봅니다. "너 때문에 또 늦었잖아!" "하루 이틀도 아니고 도대체 왜 그래?"

우리는 하루에도 수십 번씩 이런 상황을 맞닥뜨립니다. 어른의 기준과 상식에서 이해가 되지 않을 때 분노하고 비난하는 말로 아이를 몰아세웁니다. "몇 번을 말해야 알아듣니?" "도대체 네가 잘하는 게 뭐야?" "커서 뭐가 되려고 이래?" 상처가 되는 걸 알면서도 순간의 화를 이기지 못하고 아이의 마음에 생채기를 냅니다. 감정 코칭을 개발한 미국 심리학자인 존 가트맨John Gottman은 이러한 대화를 '아이와 원수가 되고 마는 대화'라고 하였습니다. 아이의 마음을 닫게 하고 관계를 망치는 대화입니다. 아이를 분노로 가르쳐선 안 됩니다. 아이는 엄마의 감정 쓰레기통이 아닙니다.

"네가 그럴 줄 알았어." "네가 그러면 그렇지." "잘하는 짓이다." 빈정거리는 말은 아이의 자존감을 깎아내립니다. 비아냥거리는 말투에는 무시하는 태도가 담겨 있습니다. '나는 너에게 큰 기대를 하지 않는다'라는 속마음을 드러냅니다. 이 말을 들은 아이는 자신을 어떻게 생각하게 될까요? 자신이 엄마가 기대조차 하지 않는 하찮은 존재처럼 느껴질 겁니다. 자신이 무엇을 잘못했는지 명확하게 알지도 못한 채 스스로를 초라하게 여깁니다. 지속해서 이런 비아냥거리는 말을 들은 아이라면 자존감이 낮을 수밖에 없습니다. 엄마의 말로 인해 자기 자신의 가치를 스스로 낮게 평가 내리게 됩니다.

무엇보다 다른 사람과 비교하지 말아야 합니다. 아이의 친구, 이웃의 아이, 형제자매라도 비교하지 말아주세요. 아이는 저마다의 재능이 있고 성향을 가지고 있습니다. 아이에게 없는 것을 아이에게서 찾으려고 하면 상처가 될 뿐입니다. 세계적인 기업 제너럴일렉트릭GE의 CEO였던 잭 웰치Jack Welch는 심하게 말을 더듬어 친구들에게 놀림을 받았습니다. 그의 어머니는 "잭, 너는 두뇌 회전이 매우 빠른데 미처 입이 따라가지 못해서 그런 거야. 네가 말을 하는 데 어려움을 느끼는 건 말하는 동안 새로운 아이디어가 끊임없이 떠오르기 때문이란다"라고 말하며 어린 잭 웰치를 격려했다고 합니다. 다른 아이와 비교하여 열등감을 주기보다는 결점조차 아이만의 재능으로 여기도록 한 것이죠.

아이를 바꾸는 긍정 대화

오늘 하루 중에 아이에게 했던 말을 떠올려보세요. 어떤 말을 가장 많이 했을까요? "밥 남기지 마." "친구랑 싸우면 안 돼." "뛰어다니지 마." "스마트폰 그만해." 긍정형의 말보다 부정형의 지시가 훨씬 많을 것입니다. 우리나라 엄마들은 평균적으로 열여덟 번의 부정적인 말을 하는 동안 긍정적인 말을 한 번 한다고 합니다. 선생님들은 긍정적인 말 한 번에 부정적인 말을 열두 번 한다고 해요. 지겹도록 부정적인 말만 듣고 자란 아이들에게는 부정적인 생각과 언어, 행동이 자리 잡게 됩니다.

세계 최고의 싱크 탱크로 꼽히는 랜드연구소RAND Corporation의 객원 연구원인 사이먼 사이넥Simon Sinek은 한 강연에서 "사람의 뇌는 부정적인 개념을 이해하지 못한다"라고 말하였습니다. 그는 이를 증명해 보이겠다며 예시를 들었습니다. "코끼리를 생각하지 마세요." 지금 머릿속에 무엇이 떠올랐나요? 즉각적으로 코끼리 한 마리가 머릿속에 그려졌을 거예요. 저도 그랬거든요. 이처럼 인간의 뇌는 부정형의 문장을 받아들이지 못합니다. '하지 마'라고 하면 오히려 더 강조되는 효과를 불러일으킵니다. 아이의 생각이나 행동을 긍정적으로 변화시키기 위해선 긍정형으로 말하는 것이 중요해요.

파일럿들은 훈련을 할 때 "저 장애물에 박으면 안 돼"라고 생각하지 않습니다. 장애물에 집중하는 순간 장애물만 보이기 때문입니다. 장애물보다 나아가야 할 길에 집중합니다. "거실에서 뛰지 마"라고 하기보다 "집 안에서는 걸어 다녀야 해"라고 말해주세요. 아이들은 "뛰지 마"라는 말을 듣는 순간 더 뛰고 싶은 욕망을 느낍니다. 방송에서 어떤 유명인이 밥을 잘 먹지 않는 아이에게 "절대 먹으면 안 돼"라며 밥이 올려진 숟가락을 내밀었습니다. 아이는 어떻게 했을까요? 밥을 잘 먹지 않았던 아이는 고민도 하지 않고 덥석 밥숟가락을 입에 넣었습니다. 하지 말라고 할수록 하고 싶어지기 마련입니다.

아이의 행동이나 가치관을 바른 방향으로 변화시키고 싶다면 긍정 대화를 해야 합니다. 아이에 대한 평가나 판단, 비난과 부정이 담긴 말은 아이의 행동을 변화시킬 수 없습니다. 아이에게 상처를 주고 마음의 문을 닫게 할 뿐입니다. 엄마의 말에 갇혀 '나는 원래 그런 아이야'라고 스스로 단념하고 변화할 의지를 놓아버립니다. 긍정 대화를 하면 아이에게 선택권이 주어집니다. "장난감 안 치웠으니 아이스크림 먹지 마"라고 하기보다 "장난감 먼저 정리하고 아이스크림 먹자"라고 해보세요. 아이는 자신이 해야 할 행동을 정확히 인지하고 스스로 바른 행동을 하게 됩니다. 무조건 안 된다고 하기보다는 대안을 제시하거나 언제 해도 괜찮은지 긍정 대화로 알려주세요.

행동보다 아이의 감정을 우선시하는 공감 대화

카페에서 있었던 일입니다. 제가 앉은 자리 옆 테이블에는 어머니가 두 아이와 함께 앉아 있었어요. 남자아이는 다섯 살쯤, 여자아이는 세 살쯤으로 보였습니다. 어머니가 잠시 화장실에 간다고 자리를 비울 때였어요. 여동생이 자리에서 일어나 다른 곳으로 달려가자 남자아이가 따라나섰습니다. 동생이 카페의 화분에 피어 있는 꽃을 꺾으려 하자 남자아이가 여동생이 입고 있던 옷을 잡아당겨 제지했습니다. 그 바람에 여동생은 뒤로 넘어졌습니다. 그때 화장실에 다녀온 어머니가 이를 보고는 울고 있는 여자아이를 안으며 남자아이에게 불같이 화를 냈습니다. "엄마가 동생 잡아당기면 다친다고 했지?! 왜 자꾸 그래!" 남자아이는 동생을 말리려고 했던 것인데 자초지종을 설명도 하지 못한 채 울음을 터뜨렸어요.

남자아이 입장이 되어 생각해볼까요? 아이는 동생을 다치게 하거나 넘어지게 하려는 의도는 없었습니다. 결과적으로 동생이 넘어졌지만, 동생의 잘못된 행동을 말리려고 했어요. 하지만 대부분 엄마는 울고 있는 동생이나 상황에 휩싸여 아이의 좋은 의도를 보지 못합니다. 아이의 행동만으로 판단하기 때문이죠. 아이의 생각이나 감정을 헤아리기도 전에 아이의 행동을 훈계하게 됩니다. 아이는 아직 미숙합니다. 어른처럼 즉각적으로 이성적인 판단을 하고 행동에 옮기는 것은 불가능해요. 아이의 행동보다는 선한 의도를 먼저 찾아보고 아이의 감정부터 헤아려주어야 해요.

아이의 문제 행동을 예방하고 자존감을 높이기 위해서는 공감하는 의사소통, 공감 대화를 해야 합니다. 공감 대화는 크게 아이의 말 경청하기 → 아이의 감정 공감하기 → 엄마의 생각 표현하기의 세 단계를 거칩니다. '경청'에서 중요한 점은 아이와 눈을 맞추고 아이의 이야기를 진심으로 들어준다는 것을 아이가 느껴야 한다는 것입니나. 고개를 끄덕이거나 "그렇구나!" "그래서?"와 같은 적절한 반응을 통해 귀 기울여 듣고 있음을 알려주어야 해요. 또한 중간에 아이의 말을 자르지 않고 끝까지 들어주어야 합니다. 아이의 실수를 지적하거나 질문하기보다는 끝까지 듣는 것이 우선입니다. 대화 중 아이의 행동 속에 엄마가 놓친 선한 의도가 있다면 칭찬해주세요.

'공감'은 전적으로 아이의 관점에서 이루어져야 합니다. 엄마의 기준이나 잣대를 들이밀기보다는 온전히 아이가 되어 아이가 느꼈을 마음을 헤아려야 해요. 아이의 마음에 진심으로 공감하고 아이의 감정을 엄마의 말로 표현해주세요. 아이도 모르는 자신의 감정을 언어로 표현해주면 자기 감정을 더 쉽게 받아들입니다. 아이의 말에 경청하고 감정에 충분히 공감해주었다면 엄마가 생각을 표현하면 됩니다. 평가나 판단을 내리기보다 엄마의 생각을 솔직하게 말해주세요. "스마트폰만 계속 붙잡고 있으니 걱정되고 속상해"와 같이 엄마의 감정도 솔직하게 표현하면 아이 역시 엄마의 입장에서 생각하게 됩니다.

엄마의 말보다 더 중요한 것이 있습니다. 대화할 때 아이와 눈높이를 맞추고 눈을 맞추는 것. 온화한 표정과 따스한 시선으로 아이를 바라보는 것. 아이는 단순히 엄마의 말뿐만 아니라 비언어적인 요소를 통해 엄마의 애정과 관심을 몸으로 느낍니다. 긍정 대화, 공감 대화는 명령이나 지시적 언어보다 더 강력합니다. 아이가 스스로 올바르고 책임 있는 선택을 하게 합니다. 엄마와 아이가 건강한 관계를 맺고 마음을 여는 소통을 하게 합니다. 아이의 자존감을 높이고 자립심이 자라게 합니다.

8

엄마와의 따뜻한 관계가 아이의 회복 탄력성을 키운다

교육에 앞서 따뜻하고 긍정적인 관계 형성이 우선되어야 합니다. 교사로서 가장 중요하게 여기는 가치는 아이들의 행복입니다. 아이들의 하루치 행복을 채워주는 것, 오고 싶은 교실로 만드는 것. 아이들과 좋은 관계를 형성하는 가장 좋은 방법은 아이들이 하고 싶은 것을 함께하는 것입니다. 봄에는 벚꽃 나무 아래에서 돗자리를 펴고 간식을 먹고 여름에는 물총 싸움을 합니다. 학급 보상으로 영화를 보거나 학급 운동회를 하고 핼러윈 축제도 함께 즐깁니다. 몇 년이 지나 연락해온 제자들은 한결같이 얘기합니다. "선생님과 함께 있을 때 너무 즐거웠어요. 1년뿐이었지만 오래도록 마음에 남아요."

주말 과제로 '미디어 프리 데이'를 보내고 소감 써오기를 제시하였어요. 주말 중 한 시간 동안 TV, 스마트폰 등 모든 미디어 매체를 끄고 가족과 함께 시간을 보내는 과제였습니다. 생각보다 반응이 좋았습니다. 가족들이 오랜만에 공원에 나가 운동하고, 함께 샌드위치를 만들기도 했어요. 보드게임, 윷놀이 등 놀이를 하며 시간을 보낸 가족들도 있었어요. "바쁘다는 핑계로 아이들과 시간을 갖지 못했는데 좋은 계기로 아이와 오랜만에 함께 시간을 보내서 좋았다"라는 평이 많았습니다. 과제를 친구들 앞에서 발표하는 월요일 아침, 아이들의 표정은 어느 때보다 밝고 들떠 있었습니다.

어린 시절 행복한 기억을 가진 아이는 어려움을 겪어도 훌훌 털어내고 다시 일어날 수 있는 마음의 힘이 생깁니다. 바로 회복 탄력성이죠. 엄마로부터 사랑받은 기억은 아이의 마음을 단단하게 하고 자신을 있는 그대로 존중하게 합니다. 따뜻한 위로와 긍정적인 추억들은 몸과 마음에 새겨집니다. 다른 사람에게 상처받거나 어려움을 마주할 때 자신을 스스로 돌보고 위로하는 힘이 됩니다. 따스한 말과 손길, 애정 어린 눈 맞춤은 아이가 사랑받고 있음을 느끼는 중요한 표현 방법입니다. 아이를 사랑하는 마음을 속에만 담아두지 말고 마음껏 표현해주세요. 엄마의 사랑은 세상의 흔들림에도 아이를 단단하게 붙잡아주는 버팀목이 됩니다.

아이가 엄마와 친밀한 관계를 형성하면 동기는 저절로 부여됩니다. 자신을 믿고 사랑해주는 사람이 기대하는 바를 충족시켜주고 싫어지거든요. 엄마를 기쁘게 해주고 싶은 마음이 들기 때문에 하고자 하는 의지가 강해집니다. 강압적으로 지시하고 비난하면 아이의 마음속에는 분노가 차 엄마의 사랑을 받아들이기 어렵습니다. 아이를 제대로 사랑하기 위해선 있는 그대로 받아들이고 격려하는 엄마가 되어야 해요. 아이의 감정이 어떤지, 원하는 것은 무엇인지 관찰하고 파악하는 민감한 엄마가 되어야 합니다. 아이의 말에 경청하고 공감하는 반응적인 엄마가 되려 노력해야 합니다. 끝으로 올바른 기준을 정해 흔들림 없이 지키는 일관성이 있어야 합니다.

외동인 아이는 엄마를 온전히 독차지할 수 있지만, 형제자매가 있는 아이들은 그렇지 않습니다. 한 아이만을 위한 '특별한 날'을 지정해 시간을 보내면 좋습니다. 아이의 생일이나 아이만의 기념일을 지정해 엄마의 시간을 온전히 독차지할 수 있도록 합니다. 아빠나 엄마 둘 중 한 명이어도 괜찮습니다. 남은 아이는 집에서 엄마나 아빠 중 한 명과 즐겁게 시간을 보내며 다가올 특별한 날에 무엇을 할지 대화를 나눌 수 있습니다. 엄마와 아이뿐만 아니라 부부가 좋은 관계를 형성하려 노력해야 해요. 아이들은 엄마의 기분을 항상 살피고 눈치를 봅니다. 부부가 싸우게 되더라도 아이들에게 현 상태를 말해주면 됩니다. "엄마 아빠가 의견이 맞지 않아서 시간이 필요해." 말 한마디로 아이들을 안심시켜주세요.

지하철에서 난동을 부리던 중년 취객과 경찰이 실랑이를 벌이는 사건이 있었습니다. 지켜보던 한 청년이 다가가 포옹을 하고 다독여주니 취객은 청년의 품에 안겨 안정을 찾았습니다. 어른도 말보다 따스한 토닥거림이 필요할 때가 많습니다. 따스한 온기는 말로만 하는 위로보다 더 강한 힘을 가집니다. 아이가 실수해도 때로는 너그러운 마음으로 안아주고 넘어가기도 하고 고개를 끄덕여주세요. 아이는 생각보다 금방 큽니다. 엄마 곁에서 맴돌던 아이는 어느샌가 친구를 먼저 찾게 되고 바쁘다는 핑계로 집 밖에서 시간을 더 많이 보내게 됩니다. 아이가 곁에 있을 때, 아직 여리고 손길이 필요할 때 함께 시간을 보내고 더 많이 안아주세요.

9

사교육,
학습에 대한 기준과 원칙이 필요하다

코로나19 확산으로 주춤했던 사교육이 2021년 들어 다시 활성화되었습니다. 2021년 사교육비 지출 총액과 사교육 참여율은 역대 최대 기록을 갈아치웠어요. 통계청이 발표한 바로는 초·중·고 사교육비 총액은 1년 전보다 21퍼센트 오른 23조 4000억 원을 기록했습니다. 초등학생의 경우 1인당 월평균 사교육비가 전년도보다 39.4퍼센트 늘어나 32만 8000원으로 나타났습니다. 서울의 사교육 참여 학생만으로 계산하면 1인당 월평균 64만 9000원을 부담하고 있습니다. 가정에서 사교육비로 지출하는 금액은 해마다 증가하고 있습니다. 사교육은 엄마에게 가장 큰 고민 중 하나입니다.

학습법으로 베스트셀러에 오른 《서울대 의대 엄마는 이렇게 공부시킵니다》의 저자는 23년의 공부 경력으로 서울대 의대를 우수한 성적으로 졸업했습니다. 두 아이의 엄마로 자신의 공부법을 아이에게 어떻게 적용할지 거듭 고민했습니다. 저자는 사교육보다 아이가 자발적으로 책상에 앉는 환경 조성을 가장 중요시하였습니다. 타인 주도, 엄마 주도보다 아이 주도의 학습이 효과적이라고 생각했거든요. 아이의 학습 능력을 키우기 위한 세 가지 전략은 첫째, 일찍 공부시키지 않기, 둘째, 공부 습관에 집착하지 않기, 셋째, 무턱대고 남들을 따라 하지 않기였습니다.

저자는 아이의 학습에 있어 자신만의 원칙과 기준을 세웠습니다. 많은 엄마가 아이의 사교육 일정은 빼곡하게 세우지만, 학습에 대한 기준은 세우지 않습니다. 기준이 없으니 다른 사람의 말에 휘둘리기 쉽습니다. 입소문 난 학원, 명문대를 많이 보낸 학원에 현혹됩니다. 다른 아이 엄마들은 어떻게 사교육을 시키는지 자꾸 들여다보고 따라 하게 됩니다. 불안한 마음을 해소하기 위한 최후의 수단이 사교육입니다. '그래도 다니면 뭐라도 배우겠지'라는 생각으로 아이를 학원에 보내지만 공부에 흥미가 없는 아이는 학원에 가서도 한 귀로 듣고 한 귀로 흘립니다. 오히려 학원에서 배웠기 때문에 안다고 생각하고 스스로 익히지 않는 경우가 허다합니다. 등 떠밀려 간 학원에서 시간과 돈만 흘려보내게 됩니다.

사교육은 우리 아이 맞춤형이 되어야 합니다. 학원의 유명세나 가정 형편보다 우선시되어야 하는 것은 아이의 희망 여부입니다. 아이가 원할 때, 필요할 때가 사교육을 시작하는 가장 적기입니다. 엄마가 판단하는 적정 시기가 아닌 아이가 필요성을 느끼는 민감한 시기를 놓치지 말아야 합니다. 하기 싫은 공부를 억지로 참고 한다고 끈기가 길러지는 것은 아닙니다. 오히려 학습에 거부 반응을 보이고 부정적인 태도를 보이기 쉽습니다. 원래부터 공부를 좋아하는 아이들은 많지 않아요. 공부에 대한 긍정적인 경험을 쌓으며 필요성을 느낄 때 아이들은 스스로 공부하려 합니다. 함께 책상에 앉고 지적 자극을 지속적으로 제시할 때 아이는 공부에 대한 호기심과 의지를 다지게 됩니다.

'영어는 조기교육'을 신념으로 삼고 많은 엄마가 영유아 때부터 영어를 시킵니다. 영어를 조기에 시작하는 것은 영어를 익히는 데 유리합니다. 하지만 아이의 발달을 무시한 조기교육은 성장에 악영향을 줍니다. 서울대 신경과학연구소 서유헌 소장은 "언어 중추가 있는 측두엽 부위는 태어나면서부터 꾸준히 발달하지만 6~12세 사이에 가장 빠르게 발달한다. 따라서 언어 교육은 이때 시키는 것이 가장 좋다. 언어 중추가 어느 정도 발달한 시기에 언어 공부를 해야 높은 효과를 얻을 수 있다"라고 하였습니다. 지나친 선행 학습은 스트레스를 유발해 뇌를 손상합니다. 과도한 조기교육보다는 아이의 발달에 맞는 적기 교육이 필요합니다.

원치도 않는 학원을 보내며 "너 공부시키려고 얼마나 고생하는지 알아? 공부 좀 해" 한다고 아이가 달라지진 않습니다. 아이가 공부에 거부감을 느낀다면 한 걸음 물러나 기다릴 줄 알아야 해요. 남들 다 한다고 따라 하기보다 사교육에 대한 기준과 원칙을 세우고 아이와 의논해야 합니다. 교육 전문가에게 자문하고, 옆집 엄마들에게 물어보기보다는 내 아이에게 물어보세요. 아이에게 선택권과 결정권이 있을 때 아이는 더 적극적으로 사교육에 참여합니다. 엄마는 아이가 관심을 가질 만한 선택지를 제시할 수 있습니다. 결정은 아이에게 맡기고 책임도 아이가 지도록 해주세요. 자신의 결정에 따른 책임의 무게를 알면 점점 더 나은 선택을 하게 됩니다.

10

아이의 건강한 뇌를 위한 스마트폰 사용설명서

스마트폰을 접하는 나이가 낮아지고 있습니다. 아이가 울고 떼쓰면 달래는 수단으로 스마트폰을 꺼내 듭니다. 아이가 하기 싫어하는 행동을 해준 보상으로 스마트폰을 하게 해줍니다. 인위적인 보상으로 스마트폰을 쥐여주는 방식은 아이들에게 스마트폰 금단 현상을 일으키게 합니다. 보상 항목이 많아질수록 스마트폰을 보는 시간이 점점 더 늘어납니다. WHO(세계보건기구)는 아동 발달 지연의 원인으로 스마트폰 사용을 꼽았습니다. 스마트폰을 너무 어린 나이에 보면 전두엽이 활성화되지 않아 뇌 발달에 부정적인 영향을 끼칩니다. 특히 만 1세 이하 어린이는 스마트폰, TV 등 미디어 노출을 삼가야 합니다.

교실마다 ADHD(주의력 결핍 과다 행동 장애) 증후군을 앓고 있는 아이들이 늘고 있어요. 약물 치료를 받고 있거나, 진단을 받지 않아 치료받지 못하는 아이들도 많습니다. ADHD 증후군 아이들은 자기 조절 능력이 부족하고 돌발 행동을 많이 합니다. ADHD 증후군은 저학년에서 주로 나타나며 여자아이보다 남자아이가 서너 배 정도 많다고 합니다. 다른 아이를 공격하거나 교실 밖으로 뛰쳐나가는 등 이상행동을 보여 수업에 큰 지장을 초래합니다. 심한 경우 우울증이나 불안증 등 정신 질환으로 이어질 수 있어 각별한 관심이 필요합니다.

ADHD는 유전적 혹은 뇌의 생화학적 이상이 원인입니다. 이른 나이부터 스마트폰에 자주 노출되면 ADHD 증상이 나타날 가능성이 크다는 국내 연구 결과가 있습니다. ADHD 아동을 연구한 결과 뇌 발달이 일반 아동보다 약 2년 정도 늦은 것으로 밝혀졌습니다. 인간의 좌뇌와 우뇌가 균형 있게 발달하기 위해선 다양한 자극이 필요합니다. 스마트폰의 일방적이고 자극적인 정보는 좌뇌 발달에 손상을 입힙니다. 시각 중추만 자극할 뿐 전두엽은 활성화되지 않기 때문이죠. 언어 발달에 있어 결정적 시기인 만 3~5세 무렵에 지나치게 스마트폰을 접하면 언어 발달이 늦어집니다. 특히 만 2~4세 어린이는 하루 한 시간 미만으로 사용 시간을 제한하는 것이 좋습니다.

초등학교에 입학한 순간부터 스마트폰과의 전쟁이 치열해집니다. 교실에는 스마트폰을 가진 아이가 없는 아이보다 훨씬 많습니다. 1학년 아이들도 80퍼센트는 스마트폰을 가지고 다닙니다. 친구들 대부분이 가지고 있으니 자신도 갖고 싶어 합니다. 아이들은 스마트폰을 활용하여 교우 관계를 확장해나갑니다. 함께 게임을 하고 SNS(사회 관계망 서비스)로 서로 유대감을 다집니다. 스마트폰은 최대한 시기를 늦추어 사주는 게 좋지만, 환경상 그게 쉽지 않습니다. 엄마만의 확고한 신념만으로 스마트폰 사용을 강압적으로 금지하는 것은 어렵습니다. 아이가 스마트폰 중독으로 이어지지 않기 위해서는 가족이 함께 노력해야 해요. 아이가 스마트폰만 붙잡고 있다고 화를 내고 윽박지른다고 달라지진 않습니다.

초등학교 저학년 시기에 스마트폰 사용으로 고민이 된다면, 연락만 가능한 키즈폰을 먼저 사용해보도록 하는 것도 하나의 방법이 될 수 있습니다. 집 밖에서의 연락을 위해 키즈폰을 사용하고 가정에서 필요시 부모님의 스마트폰이나 스마트패드를 사용하도록 하는 거죠. 학교 복도에서 보면 방과 후 수업을 기다리기 위해 스마트폰에 얼굴을 파묻고 게임을 하는 아이들을 많이 볼 수 있습니다. 아직 스스로 조절이 어려운 저학년 아이라면 가정에서만 사용하도록 하고 중학년 이후에 아이의 스마트폰을 사주어도 늦지 않습니다.

스마트폰을 사주기 전 아이와 스마트폰이 필요한 이유에 관해 대화를 나누어야 합니다. 엄마가 우려하는 사항을 충분히 알려주고 아이와 함께 규칙을 정해야 합니다. 주중과 주말의 스마트폰 사용 시간을 함께 의논하세요. 지키지 않을 경우 아이가 받아야 할 제약도 함께 정해야 합니다. 반드시 해야 할 일을 먼저 하고 나서 사용할 것, 하루 한 시간 스마트폰 사용하기 등을 약속해야 해요. 스마트폰을 보관하는 장소도 정합니다. 가족의 스마트폰을 한곳에 모아 보관하고 충전합니다. 필요할 때나 사용 시간에만 가져가고 그 외에는 보관 장소에 두는 것이죠. 이때 중요한 점은 온 가족이 함께 지키는 것입니다. 아이 혼자만 지키게 하는 것보다 함께 할 때 더 효과적입니다.

'아이와 놀아주기 지치니까' '식당에서 아이가 울면 민폐가 되니까' '다른 아이들도 보니까'와 같은 이유로 아이에게 손쉽게 스마트폰을 쥐여주진 않았는지 되돌아보아야 합니다. 한순간의 평화와 휴식을 얻은 대가는 아이에게 돌아갑니다. 아이는 엄마와 상호작용할 때 건강하게 성장합니다. 엄마가 편해지고자 스마트폰과 TV 영상 매체에 아이를 맡겨선 안 됩니다. 힘들더라도 아이와 몸으로 놀아주고 자연 속에서 오감을 깨워주세요. 아이의 일상을 스마트폰 이상의 즐거움으로 채워주어야 합니다.

DoM 011

엄마의 내려놓는 용기

현직 초등 교사가 교실에서 발견한 자기 주도적인 아이들의 조건

초판 1쇄 발행 | 2022년 7월 29일
초판 2쇄 발행 | 2022년 9월 15일

지은이 박진아
펴낸이 최만규
펴낸곳 월요일의꿈
출판등록 제25100-2020-000035호
연락처 010-8674-7854
이메일 dom@mondaydream.co.kr

ISBN 979-11-92044-10-1 (03590)

'월요일의꿈'은 일상에 지쳐 마음의 여유를 잃은 이들에게 일상의 의미와 희망을 되새기고 싶다는 마음으로 지은 이름입니다. 월요일의꿈의 로고인 '도도한 느림보'는 세상의 속도가 아닌 나만의 속도로 하루하루를 당당하게, 도도하게 살아가는 것도 괜찮다는 뜻을 담았습니다.
"조금 느리면 어떤가요? 나에게 맞는 속도라면, 세상에 작은 행복을 선물하는 방향이라면 그게 일상의 의미이자 행복이 아닐까요?" 이런 마음을 담은 알찬 내용의 원고를 기다리고 있습니다. 기획 의도와 간단한 개요를 연락처와 함께 dom@mondaydream.co.kr로 보내주시기 바랍니다.